# 发电企业安全风险
# 预控管理

河北国华沧东发电有限责任公司　组编

中国电力出版社
CHINA ELECTRIC POWER PRESS

## 内 容 提 要

本书介绍国华沧东发电有限责任公司基于"管理制度化、制度表单化、表单信息化"之三化理念，逐步建立安全风险预控管理制度，细化安全风险预控管理制度表单，以及实现制度表单信息化落地的实践要求。全书共五章，主要内容包括：发电企业安全风险预控管理体系；基于"三化"实现安全风险预控管理落地；安全风险预控管理实践；以"表单信息化"为核心的安全风险预控管理系统；国华沧电安全风险预控管理体系制度表单。

本书对发电企业安全管理工作具有较强的指导意义，适用于发电企业各级安全管理人员、生产管理人员和现场人员，是了解发电企业安全管理要求和做好生产现场安全工作参考书。

**图书在版编目（CIP）数据**

发电企业安全风险预控管理 / 河北国华沧东发电有限责任公司组编 . —北京：中国电力出版社，2020.3

ISBN 978-7-5198-4393-9

Ⅰ.①发… Ⅱ.①河… Ⅲ.①发电厂—安全管理 Ⅳ.① TM621

中国版本图书馆 CIP 数据核字（2020）第 033567 号

---

出版发行：中国电力出版社

地　　址：北京市东城区北京站西街 19 号（邮政编码 100005）

网　　址：http：//www.cepp.sgcc.com.cn

责任编辑：杨　卓

责任校对：黄　蓓　马宁

装帧设计：张俊霞

责任印制：吴　迪

---

印　　刷：三河市万龙印装有限公司

版　　次：2020 年 4 月第一版

印　　次：2020 年 4 月北京第一次印刷

开　　本：710 毫米 ×1000 毫米　16 开本

印　　张：10.5

字　　数：134 千字

印　　数：0001—1500 册

定　　价：68.00 元

---

# 编 委 会

# 序

在发电安全生产过程中，如何提升安全管理的系统性、前瞻性、可控性，探索适合电力行业生产实际的、基于风险的、持续改进的系统化、规范化安全风险管理模式，构建一套理念先进、方法得当、管控有效的安全风险预控体系，是各级生产管理者和参与者为之努力的目标。

原神华集团（现已合并为国家能源投资集团）推行安全风险预控管理体系，并提出了火力发电企业构建风险预控管理体系的要求及实施指引，打造了系统化、规范化的制度体系，为有效地提升火力发电企业的安全管理水平、促进企业安全发展，奠定了坚实的管理基础。对于一线生产单位的发电厂而言，探索一条结合实际、保证体系的落地实施之路已经成为构建风险预控管理体系的迫切需求。

河北国华沧东发电有限责任公司（简称国华沧电）借鉴台湾塑胶工业股份有限公司（简称"台塑"）"管理制度化、制度表单化、表单信息化"的"三化"理念，结合班组标准化建设，在国华沧电建立了一套符合电力行业规律，遵循安全风险预控管理体系要求，以及结合公司生产实际情况的安全风险预控管理体系，走出了一条安全风险预控管理在发电厂应用落地的创新之路，实现了安全生产管理常态化、规范化、标准化、科学化。

本书的内容就是国华沧电的安全风险预控管理实践总结，介绍国华沧电基于"管理制度化、制度表单化、表单信息化"之三化理念，逐步建立安全风险预控管理制度，细化安全风险预控管理制度表单，以及实现制度表单信息化落地的实践活动。

管理制度化为实现安全风险预控管理奠定了基石，制度表单化让安全风险预控管理找到了执行手段，表单信息化让安全风险预控管理具备了利器，基于"三化"的安全风险预控管理通过循环完善层层迭代，最终让安全风险预控管理真正具备了自愈能力和自我完善能力，为安全生产保驾护航。

安全生产管理是一个永无止境的实践过程，基于"三化"的安全风险预控管理是一个不断进化过程的结晶。相信这本书，能对有志于此的同仁们有所启迪。

冯丙强

# CONTENTS

目录

序

## 第一章
## 发电企业安全风险预控管理体系

第一节　安全风险预控管理体系的定义……………………………………2

　　一、现代发电企业安全生产管理的含义………………………2

　　二、风险预控的含义…………………………………………………2

　　三、发电企业安全生产风险预控管理体系……………………2

第二节　安全风险预控管理体系的基本框架……………………………3

　　一、风险预控方法……………………………………………………4

　　二、风险预控对象……………………………………………………9

　　三、风险预控实施过程…………………………………………… 13

　　四、风险预控保证机制…………………………………………… 14

第三节　安全风险预控管理工作中存在的问题………………………… 26

## 第二章
## 基于"三化"实现安全风险预控管理落地

第一节　"三化"管理的基本思想……………………………………… 30

　　一、管理制度化……………………………………………………… 30

　　二、制度表单化……………………………………………………… 31

　　三、表单信息化……………………………………………………… 31

第二节 通过"三化"实现全风险预控管理 …………………………… 31

　　一、管理制度化是实现安全风险预控管理的基石 ………………… 32

　　二、制度表单化是实现安全风险预控管理的重要手段 …………… 34

　　三、表单信息化是落实安全风险预控管理工作的重要保障 ……… 36

　　四、完善迭代化让实安全风险预控管理具有生命力 ……………… 38

## 第三章
## 安全风险预控管理实践

第一节 基于安全风险预控管理体系的管理制度化建设 …………… 42

　　一、国华沧电安全风险预控管理体系制度的构成和定义 ………… 43

　　二、各管理子系统及包含的制度内容介绍 ………………………… 45

第二节 制度表单化作业 ……………………………………………… 58

第三节 表单信息化作业的实施 ……………………………………… 59

　　一、建立"制度信息化"的运作机制 …………………………… 59

　　二、通过信息化承载表单运行 …………………………………… 61

　　三、实践过程循序渐进 …………………………………………… 62

## 第四章
## 以"表单信息化"为核心的安全风险预控管理系统

第一节 安全风险预控管理系统概要 ………………………………… 66

　　一、基于"三化"的信息化系统特点 …………………………… 66

　　二、平台化的信息系统特点 ……………………………………… 67

第二节 安全风险预控管理系统功能介绍 …………………………… 69

　　一、安全风险预控管理系统技术架构 …………………………… 69

　　二、安全风险预控管理系统主要功能 …………………………… 71

# 附录

附录 A  量化风险评估方法 ……………………………………………126

附录 B  动火工作票管理制度和相关表单 ………………………………129

附录 C  思维导图 …………………………………………………………149

# CHAPTER 1

# 第一章

## 发电企业安全风险预控管理体系

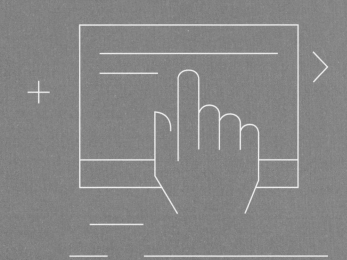

## 第一节 安全风险预控管理体系的定义

### 一、现代发电企业安全生产管理的含义

安全生产管理是指对安全生产工作进行的管理和控制。企业主管部门是企业经济及生产活动的管理机关，按照"管生产同时管理安全"的原则，在组织本部门、本行业的经济和生产工作中，同时也负责安全生产管理。组织督促所属企业、事业单位贯彻安全生产方针、政策、法规、标准。根据本部门、本行业的特点制定相应的管理法规和技术法规，并向劳动安全监察部门备案，依法履行自己的管理职能。

### 二、风险预控的含义

风险预控管理是以风险危险源为对象，展开各个工序、各个环节的分析和研究，在找到产生危险源的原因之后，采取有效的措施防止事故的出现，从而将风险降到最低。

风险预控管理通过危害识别来全面辨识生产过程中的各种生产安全事件诱因，通过风险分析与评估来确定各种危害所蕴含的风险类型和风险水平（风险等级），按照风险水平制定科学、合理的风险控制措施，实现对风险的预先管控，从根源上消除危害因素，控制各类风险，有效预防和杜绝各类生产安全事件的发生。如：培养人员安全技能，控制作业人员行为风险；开展安全隐患排查治理工作，控制劳动作业环境风险；推行标准化作业，降低检修施工风险；实施安全性评价，控制设备风险。

### 三、发电企业安全生产风险预控管理体系

发电企业安全生产风险预控管理体系是建设并应用于发电企业的管理

体系，是适用于发电企业的一套体系标准，是一套以危险源辨识为基础，以风险预控为核心，以管理员工不安全行为为重点，以切断事故发生的因果链为手段，经过多周期的不断循环建设，通过闭环管理，逐渐完善提高的全面、系统、可持续改进的现代安全管理体系。

发电企业安全生产风险预控管理体系是以海因里希法则和内外因事故致因理论为理论基础，通过辨识、分析导致事故发生的不安全行为和不安全状态，进而分析其产生的原因（管理缺陷），制定有针对性的控制措施，管住"冰山"下面的违章和未遂事件，切断事故因果的链条，防范事故发生，进而实现生产安全的。

**第二节　安全风险预控管理体系的基本框架**

安全风险预控管理体系基本框架如图 1-1 所示。

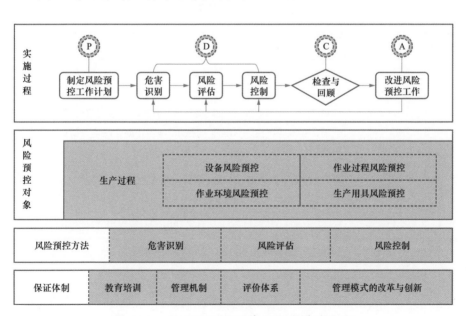

图 1-1　安全风险预控管理体系基本框架

## 一、风险预控方法

风险预控工作由危害识别、风险评估和风险控制三项连续性的工作构成。危害识别（也称危害辨识）是识别危害因素的存在并确定其特性的过程，危害因素（通常简称为危害）是生产过程中可能导致伤害、损失、不良影响等发生的条件或行为。风险评估是风险分析和风险值判断的整个过程，风险（也称安全生产风险）是指企业生产过程中伤害、损失或不良影响发生的可能性。风险控制是指通过实施管理措施和技术措施对风险进行控制，使风险降低或保持在可接受范围的行为和过程。

### （一）危害识别方法

#### 1. 危害因素分类

危害因素可以分为物理危害、化学危害、生物危害、人机工效危害、生理心理危害、行为危害和环境危害七大类，如表 1-1 所示。

表 1-1　　　　　　　　发电企业危害因素分类

| 序号 | 危害类别 | 危害因素名称 |
|---|---|---|
| 1 | 物理危害 | 防护缺陷（无防护、防护不当、防护距离不够等）；设备与工器具缺陷；电（裸露带电部位、静电、电火花、雷电等）；高低温物质；运动物；信号缺陷；标志缺陷；作业环境不良（照明、温度、湿度、气压、场地、通道、空间等不良）；噪声；振动；电磁辐射；粉尘；其他物理危害因素 |
| 2 | 化学危害 | 易燃易爆物质；腐蚀性物质（强酸、强碱等）；有毒物质；其他化学危害因素 |
| 3 | 生物危害 | 致病微生物；传染病媒介物；致害动物；致害植物；其他生物危害因素 |
| 4 | 人机工效危害 | 设计差、不方便使用的工具；重复运动；繁琐的设计或技术；其他人机工效危害因素 |
| 5 | 生理心理危害 | 健康状况异常；辨识功能缺陷；负荷超限；心理异常；其他生理、心理危害因素 |

| 序号 | 危害类别 | 危害因素名称 |
|---|---|---|
| 6 | 行为危害 | 指挥失误；操作失误；监护失误；违章行为；其他行为危害因素 |
| 7 | 环境危害 | 恶劣气象条件；自然灾害分布；不良的道路条件；其他环境危害因素 |

### 2. 危害识别方法

（1）能量法：能量法是根据能量意外释放理论推演出的危害识别方法，能量意外释放理论认为所有事故都是由于能量非正常流动导致的，因此导致能量非正常流动的行为或条件就是危害。能量法是普遍适用于各种作业和各种场所的危害识别方法，应用时首先查找识别对象中存在的能量（如动能、势能、热能、电能、化学能、辐射能等），然后分析有无导致能量非正常流动的行为或条件，如果有这样的行为或条件就将其确定为危害。

（2）事故法：根据海因里希事故因果连锁理论，导致事故发生的直接原因是人的不安全行为和（或）物的不安全状态，而人的不安全行为、物的不安全状态本质上就是危害。在应用事故法识别危害时，首先收集识别对象以及相同或相似对象曾经发生的各类事故相关资料，然后收集或分析导致各类事故发生的原因——人的不安全行为和物的不安全状态，最后判断识别对象是否存在相同的人的不安全行为和物的不安全状态，如果有就将其确定为危害。

（3）制度规程法：安全生产制度、规程要求的出发点就是为了防范危害可能导致的损失性后果，不符合安全生产制度、规程要求的行为及条件就是危害。在应用制度规程法时，首先收集识别对象需要依从的安全生产制度、规程，然后分析识别对象有无不符合安全生产制度、规程要求的行为或条件，如果有这样的行为或条件就将其确定为危害。

（4）查表法：对照《发电企业危害因素分类表》（见表1-1）给出的危害类别和危害名称，查找识别对象有无相同或相近的危害。

3. 危害识别程序

（1）确定危害识别的对象和范围，详细分析危害识别对象的构成和特性；

（2）根据危害识别对象的特性，收集相关的事故资料、安全技术分析资料和规程与制度资料；

（3）利用各类危害识别方法综合分析、确定危害识别对象存在的各类典型危害因素；

（4）对危害识别对象存在的各类危害因素进行详细分析，明确各类危害因素的特性及其产生风险的条件。

**（二）风险评估方法**

1. 风险分类

发电企业安全生产风险一般分为安全风险和健康风险两大类，其中安全风险一般分为人身安全风险和设备安全风险，详细分类见表1-2。

表1-2 　　　　　　　　　发电企业安全生产风险分类

| 风险类别 | | 细分风险种类 |
|---|---|---|
| 安全 | 人身 | 触电；高处坠落；机械伤害；物体打击；起重伤害；爆炸；车辆伤害；中毒和窒息；灼烫；火灾；倒（坍）塌；淹溺；交通意外；动植物伤害；磕碰、扭伤等 |
| | 设备 | 氢系统爆炸；燃油罐着火爆炸；制粉系统爆炸；煤尘爆炸；锅炉炉膛爆炸；压力容器爆破；锅炉承压部件爆漏；锅炉尾部再次燃烧；锅炉汽包满水、缺水；汽轮机超速；汽轮机轴系断裂；汽轮机大轴弯曲；汽轮机轴瓦烧损；汽轮机叶片断裂；全厂停电；电气误操作；发电机损坏；高压电机损坏；继电保护拒动、误动；变压器损坏；互感器损坏；开关设备误动、停运、损坏；接地网性能下降、受损；污闪；升压站全停；电缆火灾；分散控制系统失灵；热工保护拒动；设备大面积腐蚀；料斗脱落；环境污染；灰坝垮坝；供热中断；其他设备停运、损坏等 |
| 健康 | | 职业病；职业性疾病；心理损伤；精神障碍等 |

**2. 风险评估方法**

（1）风险评估宜使用能够获得量化结果的评估方法。

（2）很多发电企业采用 SEP 法进行量化风险评估，SEP 法是一种适用于作业风险评估、设备风险评估的量化评估方法，SEP 法详细内容参见附录 A。

**3. 风险分级**

（1）利用 SEP 法进行的风险评估，可以按照风险值高低将发电企业安全生产风险分为表 1-3 所示的 5 个级别。

（2）表 1-3 所示的特高风险、高风险和中风险三者通常统称为不可接受风险。

表 1-3　　　　　　　　发电企业安全生产风险分级

| 序号 | 风险等级 | 风险值 $R$ | 控制要求 |
|------|---------|-----------|---------|
| 1 | 特高风险 | $400 \leq R$ | 考虑停止、停用，立即采取处置措施 |
| 2 | 高风险 | $200 \leq R < 400$ | 需要立即采取纠正措施 |
| 3 | 中风险 | $70 \leq R < 200$ | 需要采取措施进行纠正 |
| 4 | 低风险 | $20 \leq R < 70$ | 需要进行关注 |
| 5 | 可接受风险 | $R < 20$ | 可以容忍 |

**（三）风险控制方法**

**1. 风险控制措施分类**

（1）风险控制中应用的一种或者多种控制措施统称为风险控制措施，可以分为风险控制技术措施和风险控制管理措施两类。

（2）风险控制技术措施包括消除措施、预防措施、减弱措施、隔离措施、联锁措施、警告措施、个人防护措施等形式，如表 1-4 所示。

（3）风险控制管理措施包括安全培训措施、安全管控措施、转移措施等形式，如表 1-5 所示。

表 1-4                        发电企业风险控制技术措施分类

| 序号 | 措施类别 | 说明 |
|---|---|---|
| 1 | 消除措施 | 通过合理的设计和科学的管理从根本上消除危害因素，进而消除风险发生的根源，如采用无害工艺技术、以无害物质代替危害物质、实现自动化作业等 |
| 2 | 预防措施 | 当消除危害因素有困难时可使用预防性技术措施防止危害的暴露，进而预防和控制风险，如使用安全阀、安全屏护、漏电保护装置、事故排风装置等 |
| 3 | 减弱措施 | 在无法消除和预防危害因素时，可采取减少或消弱危害因素的措施，降低风险后果的严重程度，如静电释放装置、局部通风装置、降温措施、减振装置等 |
| 4 | 隔离措施 | 在无法消除、预防或减弱危害因素时，应将人员、设备（施）与危害因素隔开，如设置围栏、安全罩、防护屏、隔离操作室，采用遥控作业，保持安全距离等 |
| 5 | 联锁措施 | 当操作者失误或设备达到危险状态时，应通过联锁装置终止危险的进一步发展，从而避免风险后果的发生 |
| 6 | 警告措施 | 在存在风险的地点或场所，配置醒目的安全色、安全标志，或者设置声、光信号报警装置，提醒作业人员注意安全 |
| 7 | 个人防护措施 | 要求员工使用劳动防护用品与安全工器具防止人身伤害的发生，包括安全帽、安全带、绝缘手套、绝缘杆、脚扣等 |

表 1-5                        发电企业风险控制管理措施分类

| 序号 | 措施类别 | 说明 |
|---|---|---|
| 1 | 安全培训措施 | 通过开展针对性的安全教育培训，提高员工的安全知识和安全技能水平，使员工能够有效识别危害因素，控制风险 |
| 2 | 安全管控措施 | 通过制定、实施安全管理制度和作业规程，规范和约束人员的管理行为与作业行为，避免各类违章（如作业性违章、装置性违章、指挥性违章等）的发生，进而有效控制风险的出现 |
| 3 | 转移措施 | 通过购买保险等方式有效降低风险伤害 |

2.风险控制措施应用方法

（1）针对各类不可接受风险采取有效的风险控制措施，在制定风险控制措施时应优先选择技术措施。

（2）在制定风险控制技术措施时，应尽量按照消除措施、预防措施、减弱措施、隔离措施、联锁措施、警示措施和个人防护措施的顺序依次选用（顺序靠前者优先），可以同时选用多种类型的技术措施。

（3）在应用风险控制管理措施时，应尽量与技术措施配合使用。

（4）在风险控制措施应用时，应充分考虑措施的可操作性和经济性。

## 二、风险预控对象

风险预控对象包括作业过程、设备、作业环境、生产用具几个方面，针对生产过程风险预控管理提出以下要求：

### （一）一般要求

（1）企业应定期（通常为每年至少1次）对生产过程中存在的危害进行系统的识别，危害识别结果应及时录入企业的风险数据库。

（2）企业应对识别出的危害因素所能导致的各类风险进行科学和全面地评估，评估结果应及时纳入风险数据库。

（3）企业应根据危害识别和风险评估的工作成果，针对各类风险制定可行的控制措施，并根据风险等级和控制措施实施难度明确负责落实措施的部门（单位）。

（4）企业应从制度、资金、技术、人员、管理等方面，确保危害识别、风险评估、风险控制工作有效执行和落实。

（5）企业在生产条件、作业条件、设备设施、人员等发生变化时，或者在生产过程、作业过程和检查回顾中发现问题时，应及时完善与更新危害识别结果和风险评估结果，并根据需要重新制定或补充制定风险控制措施。

（6）企业应通过安全工作会、安全分析会、安全网例会、班组活动等形式推动和落实风险预控工作。

（7）企业应积极探索和应用先进的安全技术手段，有效提高风险预控工作的科学性和有效性。

**（二）作业过程风险预控**

（1）企业应通过以下方式识别作业过程存在的危害因素：

1）针对各类作业开展定期危害识别活动；

2）作业人员在作业前参考定期危害识别结果开展危害识别活动；

3）监护人员和作业人员在作业过程中持续开展危害识别活动；

4）实施作业现场安全监督检查开展危害识别活动；

5）分析作业过程已经发生的事件，有效识别其中暴露的危害因素。

（2）企业应组织人员对识别出的作业危害因素进行全面的风险分析和评估，确定其风险特性和等级。

（3）企业应针对定期作业危害识别和风险评估结果，制定可行的风险控制管理措施和风险控制技术措施，并以安全规程、作业指导书、"两措"计划等载体予以落实。

（4）企业应针对作业前和作业过程中的危害识别与风险评估结果，制定和实施可行的风险控制措施，并通过以下方式确保风险控制措施的落实：

1）严格执行相应操作规程和（或）作业指导书的要求；

2）对于实施"两票"控制的作业，严格执行和落实"两票"制度；

3）根据风险控制需要进行作业监护，执行和落实监护制度；

4）审核作业人员的作业资格，确保作业人员资格符合要求；

5）确保安全工器具与个人防护用品的有效配备和使用；

6）对接触职业危害的劳动者进行职业健康检查；

7）加强现场安全监督检查。

（5）作业人员应在作业结束后对危害识别、风险评估和风险控制工作进行总结分析，查找作业风险预控工作存在的问题和不足，总结作业风险预控工作经验，确保作业风险预控工作的持续改进。

**（三）设备风险预控**

（1）企业应通过以下方式识别设备存在的危害因素：

1）针对各类设备开展定期危害识别活动；

2）实施设备运行状况分析开展危害识别活动；

3）实施巡视检查、技术监督、点检等开展危害识别活动；

4）实施安全检查开展危害识别活动；

5）实施隐患排查开展危害识别活动；

6）实施安全性评价开展危害识别活动；

7）分析已经发生的设备安全事件，识别其中暴露的危害因素。

（2）企业应组织人员对识别出的设备危害因素进行全面的风险分析和评估，确定其风险特性和等级。

（3）企业应针对定期设备危害识别和风险评估结果，制定可行的风险控制管理措施和风险控制技术措施，并以安全规程、技术标准、"反措"计划等载体予以落实。设备风险控制通常包括以下方式：

1）开展设备维护、检修、试验、轮换和运行管理；

2）开展设备缺陷管理；

3）开展设备隐患治理，按照"五定"原则实现隐患整改的闭环管理；

4）开展特种设备管理；

5）开展重大危险源管理；

6）落实事件整改措施；

7）落实安全检查整改建议；

8）落实安全性评价整改建议。

**（四）作业环境风险预控**

（1）企业应针对各类作业环境定期开展危害识别活动，通常从以下方面识别作业环境存在的危害因素：

1）作业环境中的安全标识（安全标志、安全标线等）；

2）作业环境中的隔离设施（栏杆、围栏、盖板等）；

3）易燃易爆环境和火灾危险区域的消防设施；

4）易燃易爆气体、有毒有害气体、粉尘等场所的通风设施；

5）生产、生活和办公区域的照明设施；

6）作业环境中的噪声控制措施；

7）作业环境中的电磁辐射控制措施；

8）作业环境中的其他安全设施。

（2）企业应组织人员对识别出的作业环境危害因素进行全面的风险分析和评估，确定其风险特性和等级。

（3）企业应针对定期作业环境危害识别和风险评估结果，制定可行的风险控制管理措施和风险控制技术措施，并以安全规程、技术标准、"两措"计划等载体予以落实。作业环境风险控制通常包括以下方式：

1）开展安全标识的配置、检查、维护；

2）开展隔离设施的配置、检查、维护；

3）开展消防系统、灭火器材、消防通道等的配置、检查、维护；

4）开展通风设施（含事故通风设施）的配置、检查、维护；

5）开展工作照明设施、应急照明设施和警示照明设施的配置、检查、维护；

6）开展隔声、吸声和消声设施的配置、检查、维护；

7）开展防电磁辐射设施的配置、检查、维护；

8）开展职业危害因素监测工作；

9）开展其他安全设施的配置、检查、维护。

**（五）生产用具风险预控**

（1）企业应针对各类生产用具定期开展危害识别活动，通常从以下方面识别生产用具存在的危害因素：

　1）安全工器具与个人防护用品；

　2）手持电动工具；

　3）电动机具；

　4）起重机具；

　5）人力工具；

　6）升高工具；

　7）其他生产用具。

（2）企业应组织人员对识别出的生产用具危害因素进行全面的风险分析和评估，确定其风险特性和等级。

（3）企业应针对定期生产用具危害识别和风险评估结果，制定可行的风险控制管理措施和风险控制技术措施，并以安全规程、技术标准、"安措"计划等载体予以落实。生产用具风险控制通常包括以下方式：

　1）开展安全工器具与个人防护用品的配备、检验、维护和使用培训；

　2）开展手持电动工具的检验、维护和使用培训；

　3）开展电动机具的检验、维护和使用培训；

　4）开展起重机具的检验、维护和使用培训；

　5）开展人力工具的检验、维护和使用培训；

　6）开展升高工具的检验、维护和使用培训；

　7）开展其他生产工具的检验、维护和使用培训。

### 三、风险预控实施过程

风险预控是按照 PDCA 循环开展管理工作的（如图 1-2 所示）。通过制定风险预控工作计划，实现风险预控工作的策划（P，Plan）；通过危害识别全面辨识生产过程中的各种生产安全事件诱因，通过风险分析与评估确定各种危害所蕴含的风险水平（风险等级），按照风险水平制定科学、合理的风险控制措施，从根源上消除各类危害因素、控制各类风险，有效预防和杜绝各类生产安全事件的发生（D，Do）；通过风险预控工作检查与回顾，查找和分析风险预控工作存在的问题和不足之处（C，Check）；通过改进风险预控工作，持续提升风险预控工作的水平（A，Act）。

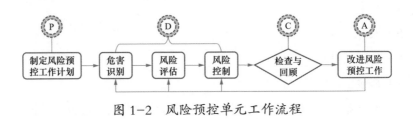

图 1-2　风险预控单元工作流程

## 四、风险预控保证机制

### （一）安全培训

安全培训是提高人员的安全知识、安全技能和安全意识水平的重要手段，能够有效提升员工的本质安全能力，是开展本质安全管理的重要基础性工作。安全培训也是落实安全生产能力准入机制的主要手段，安全生产能力准入机制是指员工必须"接受规定的安全培训，达到规定的培训效果，获得规定的培训资格后方可上岗工作"的制度化要求。

1. 安全培训构成

安全培训通常包括"三级"安全教育、安全技能认证培训、专项安全教育培训、日常安全教育培训等类型的培训。

（1）"三级"安全教育。

"三级"安全教育是针对新入厂人员开展的安全培训，按厂级、车间级和班组级逐级开展安全教育，用以帮助新入厂人员了解企业基本安全状况、主要的安全风险和安全注意事项。"三级"安全教育的培训对象包括新入厂的本企业员工、临时用工、外援工、外来实习人员等。新入厂员工必须100%参加"三级"安全教育培训并考试合格，方能取得进入生产现场的安全资格。

（2）安全技能认证培训。

安全技能认证培训是指企业对员工从事安全生产工作的基本安全技能进行培训、考核，并确认其安全资格的活动。

1）安全技能认证培训通过系统、全面、针对性的安全技能培训，全面提升企业员工的安全技能水平。

2）安全技能认证培训通过严格的考试认证，检验和评估企业员工的安全技能水平，确认员工的安全资格。

3）安全技能认证培训要求企业建立和执行岗位安全生产准入制度，即企业应将员工取得与岗位工作相适应的安全资格，作为员工上岗、转岗、晋升的必备条件，未取得相应安全资格的员工即安全技能达不到岗位要求的员工，均不得从事该岗位的工作。

4）安全技能认证培训的技能培训和资格确认，不取代国家安全生产法律法规要求的安全教育培训和持证上岗要求。

5）安全技能认证培训要求企业建立和执行安全资格复审和继续培训制度，企业应规定安全资格的有效期，员工的安全资格有效期满后，应参加继续培训和资格复审考试。

（3）专项安全教育培训：

1）工作票签发人、工作负责人、工作许可人安全培训。

工作票签发人、工作负责人、工作许可人安全培训是针对工作票签发人、工作负责人、工作许可人实施的专项安全培训，通过培训考试取得工作票签发人、工作负责人、工作许可人资格。

工作票签发人、工作负责人、工作许可人安全培训的对象一般为检修维护车间负责人、技术专工、班组长、技术员、检修工，运行班组值班负责人、值班员、副值班员、巡检员等，承包本企业相关工程、具备相应资格条件、欲获取相应资格的承包商员工。

2）企业主要负责人、安全生产管理人员安全培训。

企业主要负责人、安全生产管理人员安全培训是政府针对生产经营单位的主要负责人和安全生产管理人员实施的安全培训，一般由企业所在地政府安监部门组织培训和考试。

企业主要负责人、安全生产管理人员安全培训的对象一般为企业行政正职、分管副职、安全生产管理部门负责人和相关专业管理人员。

3）特种设备作业人员安全培训。

特种设备作业人员安全培训是针对特种设备作业人员实施的安全培训，一般由企业所在地政府质监部门组织培训和考试，通过培训考试后取得《特种设备作业人员证》。

特种设备作业人员安全培训的对象一般为企业从事锅炉、压力容器（含气瓶）、压力管道、电梯、起重机械等特种设备作业的作业人员及其相关管理人员。

4）特种作业人员安全培训。

特种作业人员安全培训是政府部门针对企业各类特种作业人员实施的安全培训。

特种作业人员安全培训的对象一般为企业从事电工作业、焊接与热切割作业、高处作业等的人员。

5）违章、事故责任者安全培训。

违章、事故责任者安全培训是针对违章和事故责任人员实施的专项安全培训，用以帮助违章、事故责任人员提高自身安全意识和有关技能，并通过培训考试使违章和事故责任者重新取得相应的安全资格。

违章、事故责任者安全培训的对象一般为因违章、事故被吊销安全资格的人员。

6）承包商员工入厂安全培训。

承包商员工入厂安全培训是针对承包商员工实施的专项安全培训，通过培训考试使承包商员工取得进入发电企业从事承包工程的安全资格。

承包商员工入厂安全培训的对象一般为短期承包（通常合同期一年以

内）检修维护、施工安装等工程的承包商雇员。

（4）日常安全教育培训。

1）事故案例教育学习是针对电力系统和企业发生的典型事故案例，组织员工进行的教育学习活动。

2）组织员工参加安全专题培训，比如安全制度培训及安全技能培训等。

2. 培训管理

（1）计划与准备。

1）企业应针对各类安全培训制定详细的年度安全培训计划，在计划中明确培训对象、培训内容、培训方式、培训计划时间和实施单位等事项；年度安全培训计划一般应在每年的一月底前制定完成。

2）企业应根据年度安全培训计划的总体安排，在每月初制定完成月度安全培训实施方案。

3）企业在制定年度安全培训计划时应对培训经费进行科学的预算，并由财务部门负责落实费用，确保安全培训费用的充足和及时到位。

4）企业应针对各类安全培训制定详细的培训大纲，按照培训大纲编写适用的培训教材和考试题库。

5）企业应针对各类安全培训所需的培训教师、培训场地、培训设施等做出合理的安排和准备，确保安全培训的有效实施。

（2）组织与实施。

1）"三级"安全教育组织与实施。

"三级"安全教育按照厂、车间、班组三级逐级进行培训，每级教育结束后进行考试，考试合格者方可进入下一级培训。

2）安全技能认证培训组织与实施。

企业安全监督管理部门负责确定安全技能认证的培训和考核内容，负责组织开展安全技能认证培训和考核工作。

3）专项安全教育培训组织与实施。

企业安全监督管理部门负责每年对工作票签发人、工作负责人、工作许可人资格进行培训和考试认证，并负责建立培训档案和确认其资格；企业工作票签发人、工作负责人、工作许可人所属车间或基层单位，负责组织开展相关日常培训工作，并负责建立培训档案；企业安全监督管理部门负责指导、协调和监督工作票签发人、工作负责人、工作许可人日常培训工作。

企业安全监督管理部门负责协调和组织企业主要负责人、安全生产管理人员，参加地方政府安监部门组织开展的企业主要负责人和安全生产管理人员安全培训。

企业安全监督管理部门负责组织特种设备作业人员和特种作业人员参加相应的安全培训、考试，确保其特种作业资格的有效。

企业安全监督管理部门负责组织开展违章、事故责任者安全培训和承包商员工入厂安全培训。

4）日常安全教育培训组织与实施。

企业安全监督管理部门负责组织开展事故案例教育学习，可以根据情况邀请相关人员进行专题案例讲解，使员工深入了解事故发生原理、危害识别知识和风险控制知识。

企业安全监督管理部门应定期、分批组织员工参加安全专题培训学习。

企业应组织员工对企业年度安全工作报告进行专题学习和分析，确保年度安全工作报告的认真贯彻执行。

企业应结合生产需要组织开展各类针对性的安全专题培训。

5）转岗、离岗人员以及外部人员安全培训组织与实施。

企业员工转岗、连续离岗 3 个月以上重新上岗人员以及外部人员进入企业工作，应根据需要接受相应类型的安全培训。

**（二）安全生产管理**

安全生产管理机制是全面实现对安全生产的预控，使安全生产达到完全受控状态的重要保证，进而才能实现电力企业生产安全、创造良好的经济效益和社会效益。建立安全生产管理机制包括两方面的内容：一是要建立以安全生产责任制为核心的一整套安全生产保证制度；二是建立全过程的用人激励机制。

安全生产保证制度以安全生产责任制为核心，是企业针对自身特点，结合安全生产全过程而制订的一套完整、实用、操作性强的程序性文件，用来规范和指导具体的工作和生产过程。

用人激励机制是在生产全过程中通过相应的机制来激发员工的工作积极性和责任感，约束员工的行为，保证各种安全生产规程及制度得到落实，从而确保安全生产的实现。

1.建立安全生产责任制

安全生产责任制是安全生产保证制度的核心。安全生产责任制明确规定了企业管理者、企业各部门以及各级人员对安全生产应负的责任，形成全员、全方位、全过程安全管理体制。

（1）责任制条文的制定。

制订责任明确、衔接严密、操作性强、简单明了的责任制条文，使企业中上至领导、下至普通职工，都有各自对应的安全责任，人人都能明确自己的安全职责，并在生产工作中自觉承担起自己应负的安全责任，做到目标明确、风险到位、压力到位、责任到位。

（2）责任制的落实工作。

根据责任制条文进行落实和逐步完善工作是机制的重心，各级领导应带头上岗到位，负起安全责任，才能带动各级人员的责任制落实到位。而不能在执行过程中仅仅流于形式，使制度最后变成一纸空文。

（3）加强工作考核。

日常的生产工作中，每个岗位上的每个人能否按责任制的要求上岗到位，担负起相应的职责，对此要进行考核并给予奖罚，从而让安全责任制真正得以落实。

企业必须实行以各级行政正职为安全第一责任人的各级安全生产责任制，建立健全系统、分层次的安全生产保证体系和安全监督体系，并充分发

挥作用,其具体内容为:

1)行政部门作为安全生产的主角,重点抓生产指挥系统、各级安全第一责任者的上岗到位。不断健全和完善以总工程师为首的技术保证体系,建立技术网络,修订和完善技术管理标准。

2)各级党组织围绕安全生产主旋律,抓好宣传教育工作,发挥思想政治保证作用、党支部的战斗堡垒作用和党员的先锋模范作用,积极开展"党员责任区""党员身边无事故、无违章、无违纪"活动。

3)各级工会积极开展以安全生产为中心的社会主义劳动竞赛,提高职工的安全意识,增强职工的主人翁责任感。

4)各级团组织发挥突击队作用,积极带领青年开展"树岗位形象、在岗位成才、做岗位标兵""创共青团号岗位"和青年工人技术比武等活动,促进青年工人整体素质的提高。

5)建立严格的安全监督体系和群众监督体系。三级安全监督体系分别为:公司安全监督机构、车间安全监督员、班组安全员。

6)签订安全承包责任书,层层落实安全责任制,使各单位(部门)领导及员工在安全生产中担负起各自的安全职责,开创良好的安全局面。

2.制订完善的安全生产管理制度

在安全管理上,应建立起以安全生产责任制为核心的一整套安全生产保证制度,完善现行的安全生产管理制度、规定、标准,以严格的制度、严密的组织、严肃的态度、严明的纪律作为安全管理的总体要求,建立健全一套完整、简洁、实用、操作性强的程序性文件。

(1)防止人身事故。

人身安全,是电力安全生产的重要组成部分,关系到家庭幸福和社会安定。人身事故的发生,一方面使本来一个完整的、原可以幸福美满的家庭变得支离破碎,给亲人心灵带来创伤,另一方面会影响其他员工的工作积极性,甚至产生不良的社会影响和政治影响,并会消耗不必要的人力、物力、财力,给国家、给企业带来经济损失。所以,应建立相应的安全生产保证制度,以防止这类事故的发生。

工作票、操作票、停役申请单的正确使用和管理,对电力安全生产起着至关重要的作用,是电力生产中保障员工安全的重要措施。应建立"两票"制度、设备停役申请单管理办法、"两票"评价统计管理规定和工作票的使用有关规定,以确保工作票、操作票、停役申请单的正确使用,杜绝人身事故的发生。

为保障现场安全施工管理,保障作业人员在施工过程中的安全,制订基建施工现场安全措施和安全设施规定,建立安全施工作业票实施细则或规定,对安全施工作业票的使用范围、所列人员的安全责任、与工作票的关系和使用程序加以规范,以确保安全施工作业票的正确使用。

安全工器具、劳保用品的正确使用,也直接关系到作业人员的施工安全。应制订相应的安全工器具管理标准、安全工器具购置和配备标准,以及工作帽、工作服等劳保用品的管理和使用规定。

为加强对外来工作人员安全管理,保障外来人员在生产基建活动中的安全健康,应制订外来人员安全管理办法及劳务协作工、临时工、民工管理办法。

防人身事故,还应重视火灾事故和交通事故对人身造成的伤害。应制订切实可行的消防和交通安全的有关规定,包括防火封堵管理工作、消防呼吸器使用管理办法、消防工作实施细则及安全行车管理等有关规定。

为适应企业经济体制改革的需要,确保电厂建设和多种经营企业的健康有序发展,应制订基建工程安全管理办法,明确发包方在工程安全管理中的基本要求和承包企业必须具备的安全资质以及工程合同中双方应承担的安全责任等有关注意事项,规范基建工程的安全管理。

遵循"横向到边,纵向到底"的安全管理原则,对某些岗位的具体工作也应制订管理制度和规定。

(2)防止设备事故类。

电力系统运行中,任何设备发生事故,都可能造成供电中断、设备损坏、人员伤亡，使国民经济、人民生活遭到严重损失。应从设备的运行、检修、监督等多方面制订措施，防止设备事故及发电生产事故的发生。

1）从设备的安全运行方面建立相应的制度。

加强并提高设备自身功能及性能，减少设备缺陷，增加防误操作、应急解锁以及其他的反事故措施，明确各职能部门职责，规定一般缺陷、重要缺陷和紧急缺陷的处理流程，保证设备尽快恢复健康水平。

2）从设备的检修方面建立相应的制度。

设备检修是保证电力设备健安全运行的重要手段，是保正电力生产安全经济运行的重要措施。为确保电力设备的安全经济运行，应制订电力设备检修管理制度，明确检修管理部门的职责，制订检修管理工作条例。各生产单位（部门）应建立设备检修、基建安装现场管理制度，明确施工人员的职责，确保施工现场的设备和人身安全。同时应针对具体设备制订相应的检修规定，确保设备现场检修的质量和安全。

3）从设备的技术监督方面建立相应的制度。

制订绝缘技术监督管理办法、电测技术监督管理办法、继电保护技术监督管理办法等管理办法和细则，通过这些监督制度、条例的实施，确保设备健康地安全运行。

3.建立全过程的激励约束机制

在制度运作中，应使用激励机制去约束员工的行为，提高员工的工作积极性和责任感，确保安全生产的各项规章制度、管理措施得到落实。另一方面，激励机制的实施，也会促使员工加强学习，提高自身素质，更好地适应电力安全生产的需要。

（1）劳动合同。

劳动合同制度的实施有利于促进劳动力和生产资料的合理配置，建立能进能出、优胜劣汰的动态用人机制。为确保劳动合同制度的顺利实施，应建立相应的员工考核制度，把德、能、勤、绩四个方面分解成若干细则，逐项给予量化，并对照量化后的标准，每年对员工进行一次综合考核。对劳动合同期满的员工,还可以进行一次综合素质的考试。最后根据员工所在部门(单位)提供的意见,综合素质考试成绩及劳动合同期内历年的考核结果,决定是否续签合同。通过劳动合同制度的实施,能鼓励先进,鞭策落后,达到提高全体员工整体素质的目的。

(2)竞争上岗。

通过竞争上岗推行优胜劣汰的竞争机制,提高员工素质。实行竞争上岗,首先应制订严密的竞争上岗实施办法,明确竞争上岗领导小组的组成和各自职责,规定竞争资格,制订严格的工作程序和考核评分办法。各单位在组织实施竞争上岗的过程中,必须坚持公开、公平、公正的原则,按制订方案、公布职位、确认资格、笔试、演讲答辩等多个具体步骤进行,并结合历年来对员工德、能、勤、绩四方面的考核情况,综合测评,择优录用。竞争上岗必须真实,切忌形式主义,否则会适得其反,产生消极的影响,挫伤员工的上进心,不利于员工素质的提高。

(3)末位淘汰。

通过末位淘汰加强员工安全生产、敬业爱岗意识,全面提高员工素质。使企业员工始终保持积极进取,持续提高的状态。首先制定一套科学合理的、细节清晰、标准量化的被大家普遍接受的考评制度。其次考核工作应按照考评制度的要求,在"公开、公平、公正"的原则下进行,这样才能真正起到激励先进,鞭策后进的作用。

(4)安全生产的奖惩。

电力企业应建立以安全生产岗位责任制为核心的安全生产激励机制,采用逐级签订安全承包责任书的形式,将安全目标层层分解、层层落实,对认真履行安全职责并作出成绩的,给予精神与物质鼓励;违章失职造成事故、障碍的,在教育的同时给予行政与经济处罚;虽未造成后果但属违章的,给予教育或适当的处罚,促使每个员工进入安全角色,负起自己的责任,做好自己的工作,确保安全目标的实现。

(5)违章记分。

违章是安全生产的天敌，是引发事故的主要原因，所以对违章现象的处理应认真对待，不容丝毫马虎。在生产现场的违章管理上，推行违章记分试岗、离岗、内部待岗管理机制是有效杜绝或减少各类违章行为发生，确保人身、设备和电网安全的重要举措。

## （三）安全性评价

通过安全性评价体系评审管理，对安全风险预控管理体系的自身建设及工作执行情况进行评估和审核，通过安全绩效考核对企业安全工作完成情况进行分析、评价和考核，针对评审和考核发现的问题提出并采取有效的改进措施，确保风险预控管理工作的闭环控制和持续改进。

1.体系评审管理

评审主要是对体系的适宜性、充分性和有效性进行评价和审核，以便找出体系存在的不足，从而实现体系的完善和持续改进。

（1）评审类型。

评审类型通常可以分为内部评审和外部评审两种类型。

1）内部评审是被评审企业组织本企业人员开展的体系评审活动。内部评审由企业自身员工进行评审，目的是实现自我改进和自我提高。

2）外部评审是被评审企业之外的第三方组织人员开展的体系评审活动。外部评审由外单位（专家）进行评审，由第三者眼光发现问题，克服内部评审的主观性。

（2）评审管理。

1）企业应根据本体系提出的管理要求编制完善的体系评审标准，为体系评审提供科学的评价和审核依据。

2）企业应定期组织开展体系内部评审（通常为每半年1次）和体系外部评审（通常为每年1次），在评审开展前由评审方负责编制评审实施方案。

3）在体系内部评审时，由受评审企业负责组织成立评审小组实施评审工作。

4）在外部评审时，由评审组织方负责组建评审小组实施评审工作。

5）体系评审过程中发现的问题和不足，由受评审企业负责制定和实施改进措施，予以纠正和完善。

2.绩效考核管理

绩效考核是企业通过收集、分析考核对象在本质安全管理工作中的行为、表现和结果，对其安全生产工作的成绩和效果做出判断，并给予奖励和处罚的活动。

（1）考核类型。

通常包括体系建设与运行情况考核和安全目标考核两种类型。

1）体系建设与运行情况考核通常是根据体系整体评审或者单项工作评审结果作出的绩效考核，重点评估、考核体系管理要求的执行情况和落实效果。

2）安全目标考核通常是安全目标实现情况作出的绩效考核，重点评估、考核设定的安全目标是否实现。

（2）考核管理。

1）企业应制定和实施内容完善的绩效考核标准（制度），为绩效考核工作提供科学的考核依据。

2）企业应定期组织开展体系建设与运行情况考核（通常为每半年1次）和安全目标考核（通常为每年1次），在绩效考核开展前由考核组织单位负责编制考核实施方案。

3）企业在开展绩效考核时应遵循以下基本原则：

客观原则：应尽可能进行科学评价，使之可靠、客观、公平、全面；

公开原则：应使考核标准和考核程序科学化、明确化和公开化；

反馈原则：考核结果要反馈给被考核方，否则难以起到教育作用。

4）绩效考核的实施程序通常包含以下步骤：

制定考核标准；

策划和实施绩效考核；

分析与评定安全绩效，给出考核结论；

实施奖励与处罚；

结果反馈。

## 第三节 安全风险预控管理工作中存在的问题

安全风险预控管理以"风险控制为工作主线"实现事故"超前预防"的管理，理念先进、科学，通过"危害辨识、风险评估、风险控制"实现风险管理的工作方法科学、有效。通过开展量化的风险评估和控制，能够对管理过程实现量化管理。能够与电力以往安全管理和职业安全健康管理体系形成良好的配合关系。

但是，安全风险预控管理体系的落实过程中仍然存在一些问题。

安全风险预控管理制度建设和管理的问题。安全风险预控管理制度逐年修编累积，数量见多不见少。加之，企业不时以行政方式发布的各种规定、通知、决定等，表现在标题不同、文体相像、语气接近、反复强调、内容雷同。导致制度"补丁"相互交织。各级管理者都抱怨现行制度不是不够用而是太多，多得难以执行。令执行者要么望而生畏，不堪重负，敬而远之，要么我行我素，产生懈怠。制度越来越完善，执行者依靠制度的欲望却不见增强。

制度没有真正融入工作过程。有些企业的员工只在两种情况下是真学制度：一是考试之前，二是事故发生之后。纯粹的文本制度先天也不具备融入工作过程的条件，尽管反复出现诸如"严禁""必须""不许""追究"等警示性语句，但不规范的行为依然屡禁不止、时有发生。

因此，我们必须找到有效执行的制度形式，做好基础管理工作不仅要求科学、及时地修编制度，更要探索有效执行的制度形式，解决制度如何"落地"的问题。否则，员工就不能把制度视作工具，只能被束之高阁，成为摆设。

如何让安全风险预控管理制度本身更合理，执行落实更彻底呢？我们需要一套科学的方法和工具予以辅助。

台塑是台湾最大的工业集团和第二大民营集团，也是世界最大的石化企业之一，台塑集团的管理架构和管理模式集中体现在"管理制度化、制度表单化、表单信息化"，通过"三化"台塑做到了"每一项工作皆有流程，每一项工作皆有标准"，从而对多行业、跨地区的台塑关系企业实现了高效管理。安全风险预控管理应借鉴台塑的管理经验，基于"三化"来实现安全风险预控管理的真正落地。

# CHAPTER 2

第二章

基于"三化"实现安全风险预控管理落地

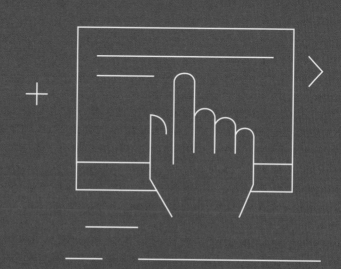

## 第一节　"三化"管理的基本思想

"三化"是指管理制度化、制度表单化、表单电脑化。

"三化"管理是指基于"三化"的创新管理方式。"三化"管理的目标是实现管理过程的规范、实用、高效。"三化"管理思想概念如图 2-1 所示。

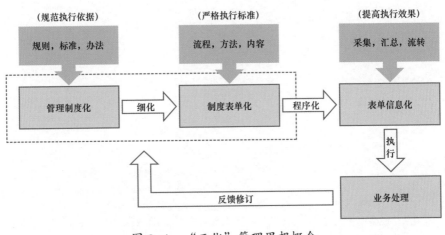

图 2-1　"三化"管理思想概念

### 一、管理制度化

根据制定的管理体系完成管理制度建设，有理有序地制定各组织各级别的规章制度、管理办法以及工作的实施细则，以此作为管理过程的执行依据，做到管理过程"有法可依"。

## 二、制度表单化

针对每一个规章制度、管理办法以及工作的实施细则，结合实际作业制定标准化管控流程，并按流程为每部分的作业任务制定作业表单，作业过程中依据表单作业，结果如实记入表单，保证实际作业有严格的标准参照，结果有据可查。

## 三、表单信息化

为制度化表单化的管理以及以此为规范和标准的作业实施提供计算机辅助系统的支持，通过建立知识库、完善自动化流程、提高数据分析能力等先进技术手段来提高管理过程的执行效果，实现高质高效管理。

"三化"管理建设是实现管理由粗放到精细、从"线下"到"线上"的一个循序渐进的过程，是一个分阶段的、逐步细化的、循环改进的过程，不可一蹴而就。

除了当管理制度完善修订时，表单界面、电脑程序亦跟随制度不断调整外，运用计算机辅助系统进行业务处理的同时，如发现制度及细化后的流程表单存在问题，则重新对制度进行修订审核，对流程表单进行优化修改，对信息化系统的处理进行升级，从而实现"三化"管理机制的自我完善和迭代。

## 第二节 通过"三化"实现全风险预控管理

安全风险预控管理体系针对生产过程中的设备、环境、用具、生产过程等控制对象，实施危害识别、风险评估、风险控制的预控过程，并辅以培训、管理、评价等保证体制，整个体系不仅是一个庞大的静态系统，也是一个各部分之间关系复杂，实行起来环环相扣的动态系统。为了使安全风险预控管理工作更加规范、实用、高效地落实到生产活动中，需要一套科学的方法和工具予以辅助，因此我们提出基于"三化"的创新管理模式。

## 一、管理制度化是实现安全风险预控管理的基石

### （一）管理制度化的作用和意义

1. 实现规范化和标准化管理

制度化是实现生产管理从"低文本文化"向"高文本文化"的过渡，有了完善的管理制度才能让一切生产活动做到"有法可依"，而不是作业态度上的察言观色和见风使舵，不是作业行为上的随机和任性，从而使生产活动逐步趋于规范化和标准化。

2. 利于提高工作效率

制度化管理意味着程序化、标准化、透明化。因此，实施制度化管理便于员工迅速掌握本岗位的工作技能，便于部门与部门之间，员工与员工之间及上下级之间的沟通，使员工最大程度地减少工作失误。同时，实施制度化管理更加便于企业对员工的工作进行监控和考核，从而促进员工不断改善和提高工作效率。

3. 减少决策失误

制度化管理使企业的决策从根本上排斥一言堂，排斥没有科学依据的决策，企业的决策过程必须程序化、透明化，决策必须要有科学依据，决策的结果必须要经得起实践的检验和市场的考验，决策人必须对决策结果承担责任，在最大程度上减少了决策失误。

4. 促进企业文化建设

制度对于企业的意义在于它建立了一个使管理者意愿得以贯彻的有力支撑，并且在得到员工认可的前提下，使企业管理中不可避免的矛盾从人

与人的对立弱化为人与制度的对立，可以更好地约束和规范员工行为，减少对立或降低对立的尖锐程度，逐渐形成有自己特色的企业文化。

### （二）制定管理制度时的注意事项

管理制度通常依据管理体系而建，管理体系文件中规定了管理制度制定、修改、废弃、执行、监督的各项要求。实际生产过程中的管理制度不能得以有效落实的原因之一就是管理制度本身的制定和管理的问题，制度本身不严谨，朝令夕改；制度本身没有层次，东拼西凑无层次而言；制度本身没有适应性，内容不切合实际等。因此，制定管理制度时需要注意以下几个方面：

1.统一性

管理制度应该由专门的部门负责制定和维护，保证制度范围全面、结构合理、内容不相互矛盾，制度变化过程中保持其规范及合理性。

2.层次性

管理是有层次性的，制定管理制度也要有层次性。制度本身除了种类齐全，还要分为规则、办法、准则、细则、作业要点、操作说明等，做到层级分明、足够细化。

3.适应性

实行管理制度的目的是多、快、好、省地实现项目目标，使生产方和相关各个利益相关方尽量满意。不是为了制度而制订制度。制订制度要结合生产管理的实际。此外，管理制度应该简洁明了，便于理解和执行，便于检查和考核。

4.有效性

制定出的制度要对管理有效。要注意团队人员的认同感。在制订制度的时候，是上级定了下级无条件执行，还是在制订的时候大家一起参与讨论？区别很大。制度的制订是为了提高项目管理的效率，而非简单地制约员工。管理制度必须在社会规范、国际标准、人性化尊重之间取得一个平衡。

## 二、制度表单化是实现安全风险预控管理的重要手段

管理制度在执行过程中很多情况下往往不如预期，无法真正落地的原因除了缺乏持续的优良企业文化建设和传承机制，缺乏具有凝聚力的企业文化，导致制度执行时"因时而异，因地而异，因人而异"，随意性随机性强。还有就是执行过程没有正确的流程引导以及作业实施与监督没有量化的标准做参照。

制度表单化主要解决的就是制度执行过程中流程的引导以及标准化作业的问题，在生产过程中除了根据明示的制度条文做到"有法可依"，还能够根据与这些制度相关联的表单与流程进行制度的落实，做到"有法必依"和"执法必严"。

表单化（表单化管理）的对象是管理制度，它是以工作表单为载体，将文本制度要求，作为表单的执行内容和顺序，表单是制度规范的一种表现形式。

### （一）制度表单化的作用和意义

（1）有效统一了企业主要管理者对指标协商的基础认识，避免了管理过程中盲目和武断的讨价还价，在按照模式分析各方面的增长点后，综合得出企业效益最大化所需要的各项管控要求和标准。

（2）规范了企业管理的方法，形成了固定的模板，提高了各项工作的效率和效果；同时围绕表单数据，部门员工形成了平时数据填报、管理的常态化要求，形成了部门领导与下属的统一工作方法。

（3）清晰、规范、方便的表单化管理，能快速使其明确工作任务，适应岗位工作要求，避免了由于人员流动而带来的工作影响，提高了组织管理水平。

### （二）制定表单时的注意事项

1. 受控性

流程表单为制度服务，需以制度文件为单位制定相应的表单，而非因临时需要随意增加，避免存在计划外的部门导向的、个别人或个别作业导向的表单。流程表单都应该是统一管理和受控的，以利于确保表单的有效性和整合性。

2. 层次性

流程表单内容根据需要可以包含很多信息，但展示一定要有层次，这样才让使用者感觉表单简单易用。通常在表格设计的时候需要根据多个纬度对信息进行层次设计，比如信息属性、必填信息与可选信息、不同填写部门关注信息、一般信息和特殊信息、不同业务类型信息、信息重要度优先级等。

3. 简洁性

虽然流程表单化很重要，但并非说表单越多越好。表单一定要尽可能整合精简，同一个工作尽可能减少表单的数量。可以采取逐步细化的思路，而非一步到位。归根到底表单的制作需要结合生产作业的具体情况，以价值实用为最终目标。

4. 集成化

流程表单彼此并不是孤立的，要充分考虑它们之间的逻辑关系，尽可能实现信息的整合集成。需要站在生产过程全体的角度去设计，确保信息一次录入全局使用。

长期以来，人们把企业基础管理工作简单理解为修编制度，管理者比较关注如何提高违章成本，而不太在意降低遵章（执行）成本。表单化突破了传统思维逻辑，通过降低遵章（执行）成本，解决了长期困扰管理者的制度如何"落地"的问题，实现了决策者满意，执行者愿意的双赢目标。

降低遵章（执行）成本，更加符合科学发展观的要求，实施表单化管理的价值就在于是对企业制度建设的完整诠释。

制度表单化需要建立有生命力的表单自我完善机制，文本制度与表单化管理两者不可或缺，共同构成了制度形成和"落地"的完整过程。人们学习的是文本制度，执行的是表单，再通过学习文本制度理解表单。从实践到制度，再回归实践，周而复始，符合人类认识事物的规律。制度表单化的循环迭代如图 2-2 所示。

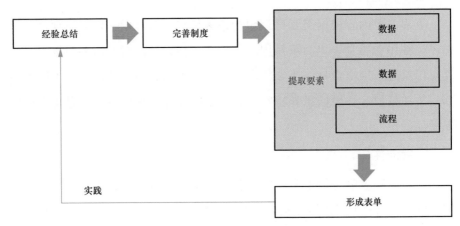

图 2-2　制度表单化的循环迭代

制度表单化管理是企业真正意义上的基础管理工作，也是建立现代企业安全管理模式的良好途径。

### 三、表单信息化是落实安全风险预控管理工作的重要保障

表单信息化的目标是实现生产过程信息化管理，而不仅仅是流程表单文件的电子化和计算机保存管理的问题。是基于管理制度化以及制度表单化建设成果基础上的系统升级和完善，高品高效地完成生产管理活动的同时，不断促进管理体系整体的优化与升级，建设现代化的生产管理体系。

## （一）表单信息化时的作用和意义

### 1. 完善信息管理

制度表单流程文件本身就是一个庞大的数据信息体系，在以这些规范标准指导下的生产作业展开过程中又会产生和积累大量的结果数据，这些数据信息通过纸张表格的形式以人为的方式管理会带来很多问题，诸如数据错误、数据错误、数据矛盾等数据记录过程中的问题，另外生产过程是一个按照流程动态执行的过程，执行过程本身无法完全靠人为记录纸张表格的方式来记录。这必须依靠计算机辅助系统来实现。

### 2. 保证作业品质

通过计算机系统的过程管理以及查错机制可以确保生产活动按照规定的流程来执行，自动向作业者提示作业标准，对作业过程数据和结果数据进行自动检查和分析，及时发现错误，提高作业品质。

### 3. 提高执行效率（流程化）

一方面计算机系统可及时处理海量数据,让信息的传递和共享更加流畅。另一方面通过计算机系统可以实现远程管理和无纸化办公，可以让作业者在一定程度上摆脱环境等的束缚，更高效地完成工作。除此之外，计算机系统过程化管理可以让生产活动组织的更加有序规范，减少返工提高效率。

### 4. 完善管理体系

现代化的计算机管理系统是一个基于数据的自学习的智能化系统，通过不断地分析积累下来的生产数据,计算机系统能预知风险、提出优化建议，从而实现管理体系的不断优化和升级。

## （二）信息化实施的注意事项

### 1. 全面性

信息技术规划应该在充分理解管理目标、管控模式、业务模式，以及信息技术现状的基础上进行，结合所属行业以及最新的技术发展，提出信息化建设的远景、目标和战略，作为顶层设计构建信息化体系以实现可持续性的发展。

2. 规范性

系统设计要符合计算机系统设计和实现标准。比如软件系统设计时需要满足功能性、可靠性、易使用性、效率、安全性、可维修性、可移植性七个基本要求。而硬件和网络的选型则需要考虑稳定性、安全性、兼容性等要求。

3. 先进性

结合最新的计算机技术（云、大数据、机器学等）以及信息、行业发展趋势，建设先进的计算机管理辅助系统，实现现代化的企业管理。

4. 阶段性

管理信息化建设需要在顶层设计的指导下分阶段执行，不能一蹴而就。除了成本因素之外，信息化建设本身就是一个迭代的、不断循环改进的过程。需要权衡系统需求的"重要性"与"紧急性"的关系，以实用性作为判断标准来逐步实施。

## 四、完善迭代化让实安全风险预控管理具有生命力

### （一）表单信息化时的作用和意义

如果说管理制度化为实现安全风险预控管理奠定了基石，制度表单化让安全风险预控管理找到了有效的执行手段，表单信息化让安全风险预控管理具备了利器，那么完善迭代化则是让安全风险预控管理真正具备了生命力。

通过不断采集来自执行层面的反馈，对反馈信息进行甄别筛选，将其反映到制度流程表单及信息化系统上面，通过如此的循环完善层层迭代，

最终让安全风险预控管理真正具备了自愈能力和自我完善能力，为安全生产提供保驾护航。

**（二）完善迭代时的注意事项**

（1）制度体系的纷繁复杂性决定了制度表单化及表单电脑化工作的复杂性，这些工作不可一蹴而就，建设阶段就需要循序渐进逐步迭代实现。

（2）针对整个制度信息化体系的修改完善就要形成自身的管理制度，根据制度的指导和约束来实施风险预控管理由体系到系统的修正和完善工作。

（3）制定鼓励政策，及时获取业务及管理现场的有关安全风险预控的意见和建议反馈。

# CHAPTER 3

# 第三章

## 安全风险预控管理实践

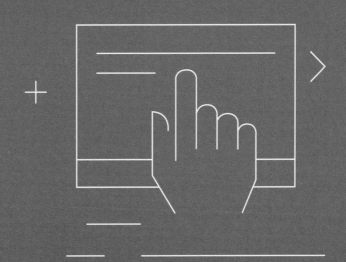

神华集团安全风险预控管理体系是现代生产企业安全生产管理的一个实践范例，是《神华生产风险预控管理体系》系列标准中的一项标准。2011年9月神华集团有限责任公司出版了《发电企业本质安全管理体系研究》一书，并且进一步提出了建设火力发电企业风险预控管理体系的具体要求，要求针对《发电企业本质安全管理体系研究》的内容进一步地完善和提升。国华沧电根据安全风险预控管理体系建立并完善了安全风险预控管理制度，进行了基于"三化"理念的创新生产实践。

国华沧电成立于2001年11月28日，是国内率先采用港电一体、围海造陆、海水淡化、600MW汽轮机抽汽等新技术的发电企业，建设成为有追求、负责任的世界一流发电企业是国华沧电的企业发展目标。

依据"安全第一，预防为主，综合治理"的安全生产方针和上级管理单位的要求，结合自身的安全生产实际情况，为将安全生产落实到实处，国华沧电建立了本企业的安全风险预控管理体系。

## 第一节　基于安全风险预控管理体系的管理制度化建设

国华沧电首先建立了标准管理组织，组织制定了《安全风险预控管理体系的修订管理制度实施细则》，以此确定公司安全风险预控管理体系制度文件修订管理的工作内容、工作方法和工作要求，指导和规范公司安全风险预控管理体系文件的修订管理工作。组织制定了《安全风险预控管理体系文件的分级管理标准实施细则》，以此明确国华电力安全风险预控管理体系文件的分级和分类管理标准，规范公司体系文件的编写、复查、批准、交流等管理机制和程序。

按照体系化、标准化的原则，研究公司安全风险管控体系，梳理、完善和细化公司安全风险相关联的管理标准、业务标准，完善标准管理制度，加大标准的细化力度与在执行过程中的规范化力度，按照"规则——办法——细则——计算机作业说明"几个层次，将公司安全风险预控管理的具体要求与方法，划为种类齐全、层级分明、足够细化的细分任务，形成固定的工作模板（表单），以保证信息化建设过程中各项管理标准与业务标准的在控、可控。

管理制度化过程如图3-1所示。

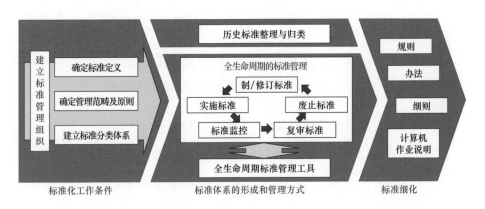

图 3-1  管理制度化过程

## 一、国华沧电安全风险预控管理体系制度的构成和定义

结合安全风险预控管理体系的基本框架，国华沧电制定了配套的安全风险预控管理体系制度，制度划分为22个子系统及153个管理办法和实施细则。

国华沧电安全风险预控管理体系结构如图3-2所示。

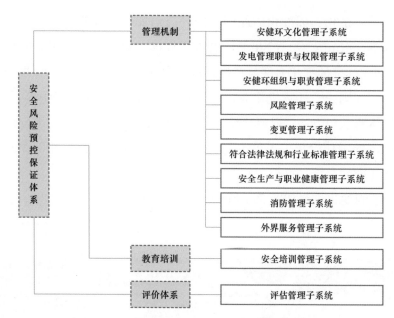

图 3-2　国华沧电安全风险预控管理体系结构

国华沧电安全风险预控对象结构如图 3-3 所示。

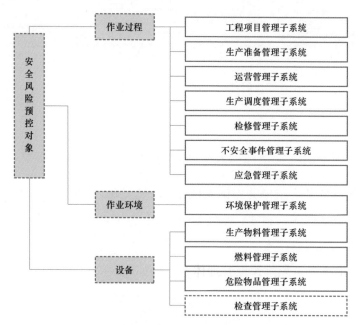

图 3-3　国华沧电安全风险预控对象结构

为了规范制度定义，规定了制度文件按表 3-1 要求进行编写。

表 3-1 制度文件定义规范

| 制度内容 | | 定义 |
|---|---|---|
| 制度名称 | | 管理办法和实施细则的名称 |
| 制度控制表 | | 记录该制度的版本编号、签发日期、编写人、初审人、复审人、批准人、有否修订以及修订内容概要 |
| 制度本文 | 总则 | 制定制度的目的，参照引用的法律法规以及行业企业的标准，试用的范围以及相关名词解释 |
| | 组织与职责 | 制度负责人及其应负职责<br>制度执行人及其应负职责<br>相关部门领导的主要职责<br>员工的主要职责 |
| | 执行程序及管理要求 | 规定了该制度的执行程序及管理要求两个方面的制度条款 |
| | 检查、评价与反馈 | 规定本制度的检查评价以及执行情况反馈的方式方法 |
| | 附则 | 解释权所有定义以及相关联制度的废止，附件 |

## 二、各管理子系统及包含的制度内容介绍

### 1. 安健环文化管理子系统

安健环文化管理子系统规定了企业的安全健康环境方面文化建设和管理的标准，如表 3-2 所示。

表 3-2 安健环文化管理子系统

| 子系统名称 | 制度名称 |
|---|---|
| 安健环文化管理子系统 | 企业安健环文化建设管理制度实施细则 |
| | 安健环文化宣示系统管理制度实施细则 |
| | 星级班组建设管理制度实施细则 |

## 2. 发电管理职责与权限管理子系统

发电管理职责与权限管理子系统制规定了安全目标管理，安全风险预控管理体系自身的管理，以及制度实行过程中相关数据及记录的管理，如表3-3所示。

表 3-3 发电管理职责与权限管理子系统

| 子系统名称 | 制度名称 |
| --- | --- |
| 发电管理职责与权限管理子系统 | 安健环目标管理办法 |
| | 安全风险预控管理体系的修订管理制度实施细则 |
| | 安全风险预控管理体系文件的分级管理标准实施细则 |
| | 记录控制管理办法 |

## 3. 安健环组织与职责管理子系统

安健环组织与职责管理子系统包括安健环组织管理办法，落实安全生产责任制的办法，安全生产奖惩制度，如表3-4所示。

表 3-4 安健环组织与职责管理子系统

| 子系统名称 | 制度名称 |
| --- | --- |
| 安健环组织与职责管理子系统 | 安健环组织管理办法 |
| | 安全生产责任制管理办法 |
| | 安全生产奖惩管理标准实施细则 |
| | 生产安全专项奖励办法 |
| | 重大危险源管理办法 |

### 4. 风险管理子系统

风险管理子系统从风险控制和过程管理以及安全性能评价方面进行了规定，并制定了相应的人员作业行为标准，如表 3-5 所示。

表 3-5　　　　　　　　　风险管理子系统

| 子系统名称 | 制度名称 |
| --- | --- |
| 风险管理子系统 | 风险控制与全过程管理制度实施细则 |
| | 安全性评价管理标准实施细则 |
| | 人员作业行为规范管理标准实施细则 |

### 5. 变更管理子系统

变更管理子系统规定了生产经营活动中对系统、设备设施、管理、程序、参数做出更改时的管理和执行标准，如表 3-6 所示。

表 3-6　　　　　　　　　变更管理子系统

| 子系统名称 | 制度名称 |
| --- | --- |
| 变更管理子系统 | 永久性变更管理制度实施细则 |

### 6. 符合法律法规和行业标准管理子系统

符合法律法规和行业标准管理子系统规定法律法规及行业标准更新管理，以及各类证照的管理办法，如表 3-7 所示。

表 3-7　　　　　　符合法律法规和行业标准管理子系统

| 子系统名称 | 制度名称 |
| --- | --- |
| 符合法律法规和行业标准管理子系统 | 法律法规及行业标准更新管理办法 |
| | 证照管理办法 |

7. 安全生产与职业健康管理子系统

安全生产与职业健康管理子系统包含安全生产以及生产过程中职工健康管理两个方面的管理标准，包括 28 个管理办法及管理标准实施细则，如表 3-8 所示。

表 3-8　　　　　　　安全生产与职业健康管理子系统

| 子系统名称 | 制度名称 |
|---|---|
| 安全生产与职业健康管理子系统 | 高危风险作业项目管理标准实施细则 |
| | 安全生产例行工作管理办法 |
| | 安措与反措管理办法 |
| | 安健环监察管理办法 |
| | 安全生产费用管理办法 |
| | 安全文明生产管理标准实施细则 |
| | 生产信息管理标准实施细则 |
| | 安全用具管理标准实施细则 |
| | 临时电源管理标准实施细则 |
| | 有限空间作业管理标准实施细则 |
| | 高处作业安全管理办法 |
| | 特种设备管理标准实施细则 |
| | 起重作业和起重设备管理办法 |
| | 电梯设备管理办法 |
| | 厂内机动车管理办法 |
| | 防灾、减灾管理办法 |
| | 职业病危害防治责任管理办法 |

续表

| 子系统名称 | 制度名称 |
|---|---|
| 安全生产与职业健康管理子系统 | 职业病危害警示与告知管理办法 |
| | 职业病危害项目申报管理办法 |
| | 职业病防治宣传教育培训管理办法 |
| | 职业病防护设施维护检修管理办法 |
| | 职业病防护用品管理办法 |
| | 职业病危害监测及评价管理办法 |
| | 劳动者职业健康监护及其档案管理办法 |
| | 职业病危害事故处置与报告管理办法 |
| | 职业病危害应急救援与管理办法 |
| | 岗位职业卫生操作规程管理办法 |
| | 建设项目职业病防护设施"三同时"管理办法 |

### 8. 消防管理子系统

消防管理子系统规定了消防管理工作的标准，如表 3-9 所示。

表 3-9 消防管理子系统

| 子系统名称 | 制度名称 |
|---|---|
| 消防管理子系统 | 消防管理制度实施细则 |
| | 消防队管理办法 |

### 9. 外界服务管理子系统

外界服务管理子系统规定了承包商和供应商的管理标准，如表 3-10 所示。

表 3-10 外界服务管理子系统

| 子系统名称 | 制度名称 |
| --- | --- |
| 外界服务管理子系统 | 承包商管理制度实施细则 |
| | 供应商管理办法 |

## 10. 安全培训管理子系统

安全培训管理子系统规定了安全培训工作的管理标准，如表 3-11 所示。

表 3-11 安全培训管理子系统

| 子系统名称 | 制度名称 |
| --- | --- |
| 安全培训管理子系统 | 安全培训管理制度实施细则 |

## 11. 评估管理子系统

评估管理子系统规定了安全风险预控体系的评估管理以及生产管理对标工作标准，如表 3-12 所示。

表 3-12 评估管理子系统

| 子系统名称 | 制度名称 |
| --- | --- |
| 评估管理子系统 | 评估管理制度实施细则 |
| | 生产管理对标制度实施细则 |

## 12. 工程项目管理子系统

工程项目管理子系统规定了各类项目的项目管理、项目监理、项目评价标准，以及外委工程的安全管理标准，如表 3-13 所示。

表 3-13                           工程项目管理子系统

| 子系统名称 | 制度名称 |
| --- | --- |
| 工程项目管理子系统 | 技术更新改造项目管理制度实施细则 |
| | 工程项目监理管理标准实施细则 |
| | 重大项目后评价管理标准实施细则 |
| | 工程安全管理办法 |

### 13. 生产准备管理子系统

生产准备管理子系统规定了生产准备工作的实施、检查、人员参与方式，以及设备代保管的管理标准，如表 3-14 所示。

表 3-14                           生产准备管理子系统

| 子系统名称 | 制度名称 |
| --- | --- |
| 生产准备管理子系统 | 生产准备工作策划管理制度实施细则 |
| | 生产人员参与工程建设管理制度实施细则 |
| | 生产准备检查管理制度实施细则 |
| | 设备代保管管理标准实施细则 |

### 14. 运营管理子系统

运营管理子系统规定了发电生产运营过程中的管理标准，包括 48 个管理办法及管理标准实施细则，如表 3-15 所示。

表 3-15                           运营管理子系统

| 子系统名称 | 制度名称 |
| --- | --- |
| 运营管理子系统 | 生产例会管理办法 |
| | 生产值班管理办法 |
| | 重要操作到岗到位管理办法 |

续表

| 子系统名称 | 制度名称 |
|---|---|
| 运营管理子系统 | 专业技术组管理办法 |
| | 防寒防冻管理办法 |
| | 防暑度夏管理办法 |
| | 电厂标识系统管理标准实施细则 |
| | 设备可靠性管理制度实施细则 |
| | 定期工作管理制度实施细则 |
| | 节能管理制度实施细则 |
| | 燃煤机组能耗诊断与优化运行标准实施细则 |
| | 生产运营指标分析管理制度实施细则 |
| | 运行生产综合指标竞赛考核管理办法 |
| | 机组运行指标竞赛办法实施细则 |
| | 操作票管理标准实施细则 |
| | 动火工作票管理标准实施细则 |
| | 工作票管理标准实施细则 |
| | 生产区域动土管理办法 |
| | 交接班管理标准实施细则 |
| | 巡回检查管理标准实施细则 |
| | 运行规程、系统图管理制度实施细则 |
| | 运行台账、报表、记录管理标准实施细则 |
| | 设备定期试验和轮换管理标准实施细则 |
| | 倒闸操作管理标准实施细则 |
| | 防止人员三误管理办法 |

续表

| 子系统名称 | 制度名称 |
|---|---|
| 运营管理子系统 | 关键设备保护系统管理标准实施细则 |
| | 继电保护及安全自动装置管理标准实施细则 |
| | 生产现场无线电装置使用管理标准实施细则 |
| | 技术监督管理制度实施细则 |
| | 热工技术监督管理办法 |
| | 绝缘技术监督管理办法 |
| | 电测技术监督管理办法 |
| | 继电保护技术监督管理办法 |
| | 化学技术监督管理办法 |
| | 电能质量技术监督管理办法 |
| | 节能技术监督管理办法 |
| | 汽轮机技术监督管理办法 |
| | 金属技术监督管理办法 |
| | 水工技术监督管理办法 |
| | 励磁技术监督管理办法 |
| | 锅炉压力容器技术监督管理办法 |
| | 环境保护技术监督管理办法 |
| | 生活水水质监督管理办法 |
| | 化学检测室管理办法 |
| | 热工试验室管理办法 |
| | 电气二次电测试验室管理办法 |
| | 高压试验室管理办法 |
| | 建（构）筑物及其附属设施维护管理办法 |

### 15. 生产调度管理子系统

生产调度管理子系统规定了安全生产调度管理、通信管理、信息报送传达以及生产信息系统数据准确性管理标准，如表 3-16 所示。

表 3-16            生产调度管理子系统

| 子系统名称 | 制度名称 |
|---|---|
| 生产调度管理子系统 | 安全生产调度管理制度实施细则 |
| | 值长与调度联系 / 通信管理标准实施细则 |
| | 生产调度安全信息分级报送管理制度实施细则 |
| | 生产信息系统数据准确性管理制度实施细则 |

### 16. 检修管理子系统

检修管理子系统规定了设备检修管理标准，包括 19 个管理办法和细则，如表 3-17 所示。

表 3-17            检修管理子系统

| 子系统名称 | 制度名称 |
|---|---|
| 检修管理子系统 | 设备分工管理办法 |
| | 发电设备点检定修管理制度实施细则 |
| | 设备缺陷管理办法 |
| | 申请票使用管理办法 |
| | 技术资料管理办法 |
| | ABC 级检修管理标准实施细则 |
| | 检修计划管理制度实施细则 |
| | 检修费用管理制度实施细则 |
| | 检修进度管理制度实施细则 |

续表

| 子系统名称 | 制度名称 |
|---|---|
| 检修管理子系统 | 检修质量管理制度实施细则 |
| | ABC 级修后系统准备及检查管理标准实施细则 |
| | 锅炉防磨防爆管理标准实施细则 |
| | 检修工艺规程管理标准实施细则 |
| | 检修工器具管理标准实施细则 |
| | 设备管理信息系统应用标准实施细则 |
| | 电力监控系统安全防护管理办法 |
| | 计量工作管理办法 |
| | 照明设施维护管理办法 |
| | 炉灰渣、石膏临时存储场地管理办法 |

### 17. 不安全事件管理子系统

不安全事件管理子系统规定了针对生产中不安全事件、隐患以及违规行为的管理标准，如表 3-18 所示。

表 3-18　　　　　　　　不安全事件管理子系统

| 子系统名称 | 制度名称 |
|---|---|
| 不安全事件管理子系统 | 不安全事件报告与调查分析管理办法 |
| | 安全隐患管理制度实施细则 |
| | 反"三违"管理办法 |

### 18. 应急管理子系统

应急管理子系统针对应急处理、预案、授权、培训及演练制定了相关标准，如表 3-19 所示。

表 3-19 应急管理子系统

| 子系统名称 | 制度名称 |
| --- | --- |
| 应急管理子系统 | 应急管理制度实施细则 |
| | 应急预案管理制度实施细则 |
| | 应急授权、培训及演练管理标准实施细则 |

### 19. 环境保护管理子系统

环境保护管理子系统针对环保管理、环保设施管理、环保责任管理制定了相关标准，如表 3-20 所示。

表 3-20 环境保护管理子系统

| 子系统名称 | 制度名称 |
| --- | --- |
| 环境保护管理子系统 | 环境保护管理制度实施细则 |
| | 废物的处理与处置管理制度实施细则 |
| 环境保护管理子系统 | 环境保护责任制管理办法 |
| | 环保设施运行管理办法 |

### 20. 生产物料管理子系统

生产物料管理子系统针对生产物料需求、储备、调剂管理，以及废旧物料管理制定了相关标准，如表 3-21 所示。

表 3-21 生产物料管理子系统

| 子系统名称 | 制度名称 |
| --- | --- |
| 生产物料管理子系统 | 物料需用计划管理制度实施细则 |
| | 物料仓储管理标准实施细则 |
| | 生产大额备品备件管理办法 |

续表

| 子系统名称 | 制度名称 |
|---|---|
| 生产物料管理子系统 | 物料储备定额管理标准实施细则 |
| | 物料调剂管理制度实施细则 |
| | 废旧物料管理标准实施细则 |

### 21. 燃料管理子系统

燃料管理子系统针对燃料管理制定了相关标准，如表 3-22 所示。

表 3-22　　　　　　　　　燃料管理子系统

| 子系统名称 | 制度名称 |
|---|---|
| 燃料管理子系统 | 燃煤计划管理制度实施细则 |
| | 燃油采购管理制度实施细则 |
| | 燃煤调运接卸管理制度实施细则 |
| | 燃料计量管理标准实施细则 |
| | 燃料质量检测管理标准实施细则 |
| | 燃料供应信息报告制度实施细则 |
| | 煤场管理标准实施细则 |
| | 燃煤结算管理标准实施细则 |

### 22. 危险物品管理子系统

危险物品管理子系统针对危险品管理制定了相关标准，如表 3-23 所示。

表 3-23 危险物品管理子系统

| 子系统名称 | 制度名称 |
| --- | --- |
| 危险物品管理子系统 | 危险化学品管理标准实施细则 |
| | 化学危险品说明书及手册的管理标准实施细则 |
| | 危险品的标识管理标准实施细则 |
| | 化学危险、危害管理和通报制度实施细则 |
| | 易燃气、液体的防爆管理标准实施细则 |
| | 重点区域管理办法 |

## 第二节 制度表单化作业

在制度表单化实施过程中，各个业务部门依据业务管理的需求和安全风险管控体系的要求，主导相应标准的完善工作，牵头编制业务规范细则、梳理业务流程，并负责本业务相关制度的细化，以及对电子表单的确认。

1.制度表单化实施过程中部分问题的处理

制度表单化实施过程中对很多实际存在的问题进行了逐一解决，如：

（1）对于来源无管理制度依据表单进行对标处理；

（2）对不同部门、单位的重复表单进行归一处理；

（3）在统一表单格式标准的基础上，再根据不同的作业流程进行针对性设计；

（4）采纳信息化团队的建议，让表单设计能更好地满足信息化实现目的。

2.安全风险预控管理体系制度表单构成

根据制度表单化的思想，国华沧电为安全风险预控管理体系制度的 22

个子系统及 153 个管理办法和实施细则制定了共计 997 个执行流程及配套表单。

例如安健环文化管理子系统由表 3-24 所示表单构成。

表 3-24 安健环文化管理子系统表单构成

| 子系统名称 | 制度名称 | 表单名称 |
|---|---|---|
| 安健环文化管理子系统 | 企业安健环文化建设管理制度实施细则 | 1. 安全管理承诺、安全方针管理流程 |
| | | 2.《企业安健环文化建设管理制度实施细则》执行情况检查 / 评价表 |
| | 安健环文化宣示系统管理制度实施细则 | 1. 安健环文化宣示系统管理流程 |
| | | 2.《神华集团安全生产"五个一"工程》宣传图板 |
| | | 3. 安健环文化宣示系统应用说明 |
| | | 4.《安健环文化宣示系统管理制度实施细则》执行情况检查 / 评价表 |
| | 星级班组建设管理制度实施细则 | 1. 职能部门参加班组定期活动表 |
| | | 2. 制度执行情况检查 / 评价表 |

全部表单请参照附录 B 国华沧电安全风险预控管理体系制度表单一览，表单实例请参照附录 C 动火作业的动火工作票管理制度和相关表单。

### 第三节 表单信息化作业的实施

### 一、建立"制度信息化"的运作机制

建立"制度信息化"的运作机制，形成"制度管理机构 + 信息部门 + 制度使用方"三方共同协商制定制度，以及制度、信息有机融合的运作模式，

从而确保制度不仅"要"电脑化，而且要"能"电脑化。合理的机制将保证跨部门的有效合作。表 3-25 为业务部门与信息部门的协作机制与责任分工。

表 3-25　　　业务部门与信息部门的协作机制与责任分工

| 顺序 | 参与角色 | 做什么 | 生成物 |
|---|---|---|---|
| 1 | 制度管理机构、信息部门 | 由制度管理机构和信息部门联合提出清晰、合理、可信息化的制度编写标准、编审流程，及统一的表单模版。如制度内容必须包含的要素，表单页面所要包含的要素，审批流程图格式，及制度和表单的格式均要有统一的准则 | 制度编写标准等 |
| 2 | 业务部门 | 业务部门根据"制度编写标准"，统一组织本部及电厂专业管理人员对现行制度细化，进行标准化、表单化改造 | 细化、标准化后的制度、表单 |
| 3 | 制度管理机构、公司领导 | 制度管理机构对业务部门编写完的制度进行标准化审核，经管理流程审批完成后，最终定稿 | |
| 4 | 信息部门 | 信息部门对定稿完成的制度，在总体架构原则下，组织进行业务表单和业务流程的信息化开发 | 应用程序、数据、流程 |
| 5 | 制度管理机构、信息部门 | 开发工作基本完成时，由制度管理机构公告制度实施及表单上线时间。信息部门组织在相应时间上线相关程序 | 公告 |

　　国华沧电信息管理部门在风险预控管理管理制度化及制度表单化两个阶段积极参与了制度的制定和完善工作、表单的设计和完善工作，站在信息化的角度提出了意见和建议，从而为实现风险预控管理上的"三化"一体提供了保障。

## 二、通过信息化承载表单运行

通过信息化手段对细化的业务与管理表单全面实现信息化管理，使各项管理制度和标准，具备高度的可操作性和规范的运作流程。信息化承载表单如图 3-4 所示。

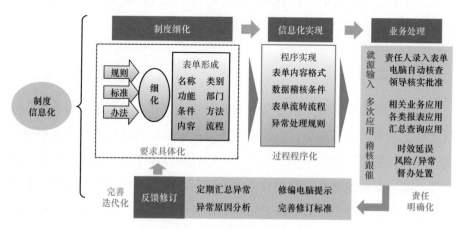

图 3-4　信息化承载表单

在制度信息化过程中，信息部门负责对各种类别的表单进行综合性的信息化开发，保障统一的模版、统一的流程管理、统一的数据存储、统一的异常机制。

标准化的表单要求管理者与被管理者直接参与填写、核对和确认，在信息系统中，将对填写数据进行规范化限制，从而保障表单形成的质量和数据的准确性、有效性。基于这些标准，准确有效地进行数据的管理与应用，可以概括为"就源输入、多次应用、环环相扣、相互勾稽"。"就源输入"就是这个信息在哪儿发生就在哪儿输入；"多次应用"就是信息输入后，多个部门多层次统一应用这一信息，不会重复采集信息；"环环相扣"就是所有的信息之间建立内在的逻辑关系；"相互勾稽"，就是要通过信息间的内在逻辑关系来相互验证。

同时，电子表单的内容将包含管控点、管控标准（均来自不同层级的管理制度）。提交的表单，在按照业务流程流转时，对于出现的异常，信息系统将自动根据管控点、管控标准，触发异常处理流程，启动相应的异常管理机制。

通过信息化来承载表单运行，最终实现公司所有管理都有制度可以遵循，所有制度都有表单可以承载，所有的表单都可信息化运行。当制度完善修订时，表单界面、系统程序亦跟随制度不断调整。

### 三、实践过程循序渐进

安全风险预控管理工作涉及企业的所有管理和业务部门，与其相关的制度体系庞大且流程复杂，而且关联到企业内部正在运行的几十个信息化系统，所以信息化落地的工作需要统一设计、分步实施。从安全风险预控管理制度体系种甄选几个典型业务为突破口，进行制度细化、表单信息化的初步实现，如生产管理的技术监督、设备管理等，然后实现全制度在信息平台开发上线。

系统设计上对外充分考虑同其他信息化系统（运营管理、财务管理、人事管理、设备管理、OA系统办公等）之间的关联关系，在流程管理，数据传递，数据共享等方面做到无冗余、不矛盾、无缝衔接。对内充分考虑各功能子系统及功能的划分，增强子系统内部的功能凝聚及子系统间的最小耦合，做到以子系统为单位的高效集中管理。系统开发采用流行的技术及稳定安全的技术架构，保证系统功能稳定高效的前提下，而且能够长期安全运行，主要工作如下。

（1）根据已经建立的安全风险预控管理系统制度体系进行了系统业务架构的设计；

（2）完成基础技术架构设计工作；

（3）完成基础数据设计及管理规划工作；

（4）子系统业务需求调研（含关联现有系统调研工作）；

（5）制定开发实施计划；

（6）根据开发计划逐步实施各子系统业务建设工作。

通过基于"三化"的风险预控管理实践，确立了精细化、规范化管理目标，建立了以"制度信息化"为核心内涵的公司管理制度承载和运转机制，使公司的管控体系及各项管理标准通过信息化手段得以固化，形成了清晰、简洁、内容与目的一目了然的标准化、电子化业务表单，通过电子表单的流转与处理，形成了简便、高效的呈现方式与事务处理模式，使得各项管理标准在实际的运作和工作中得到了贯彻和执行，从而实现了安全风险预控管理有章可循、自动化驱动和整体效率提升。

# CHAPTER 4

# 以"表单信息化"为核心的安全风险预控管理系统

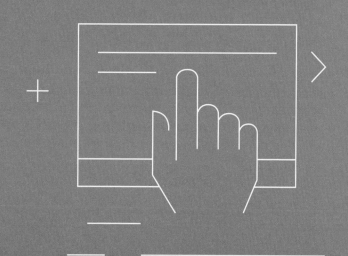

**第一节** 安全风险预控管理系统概要

　　安全风险预控管理系统作为企业生产过程中实现安全风险预控管理的信息化管理工具，是制度信息化的最终体现。基于"三化"的信息化系统如图 4-1 所示。

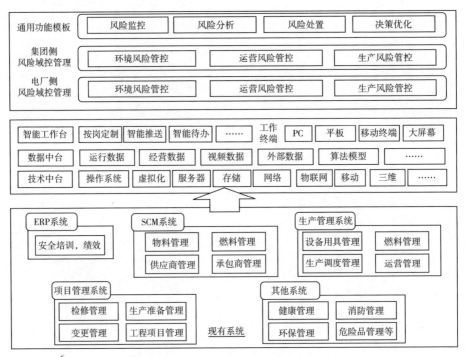

图 4-1　基于"三化"的信息化系统

## 一、基于"三化"的信息化系统特点

### （一）系统信息化体现过程程序化的特点

（1）每步工作都可随时查看到制度提示，可参阅相关制度文件；

（2）每步工作都可以看到相关工作提示，可参阅工作档案；

（3）每步工作都有流程引导，表单流转流程一目了然、简单实用；

（4）表单内容格式同制度细化的表单完全匹配，所见即所得。

**（二）业务处理层面体现责任明确化的特点**

1.就源输入

为各层面工作人员提供便捷的工作入口，保证信息在哪儿发生就在哪儿输入，输入的同时系统自动完成数据的校验，保证数据合法完整性。通过工作流程支撑功能完成各个环节的数据输入和审核。

2.多次应用

信息输入后，多个部门多层次统一应用这一信息，不重复采集信息，减少重复劳动，确保工作现场的工作效率。

3.稽核跟催

基于工作流程支撑实现工作的督办，减少并杜绝工作的时效延误。通过自动数据稽核，对风险预控管理工作中存在的风险和异常进行自动判断和报警。

## 二、平台化的信息系统特点

安全风险预控管理系统特点主要体现在功能按岗定制、业务全面覆盖、过程异地监控、信息集成共享四个方面。

1.功能按岗定制

平台为发电企业的所有部门及岗位的用户提供定相应的功能，并可以进行功能定制和权限控制。

2.过程异地监控

面向组织用户提供传统的桌面终端以及移动端的访问控制入口，同时为满足安全监测的需求提供安全风险信息大屏显示功能。

### 3. 信息集成共享

安全风险预控管理一体化平台以消息总线、工作流引擎等一体化平台技术为支撑，辅助以 BI（商业智能）分析、自动化报表、机器学习、大数据分析等先进数据分析技术，及时准确地为用户提供信息集成共享服务。

### 4. 业务全面覆盖

信息化覆盖安全风险预控管理制度体系中 22 个子系统相关的所有安全风险预控管理内容。结合生产现场的实际情况，将平台的业务分为生产业务和管理支撑两大板块的 9 个业务子系统。

风险预控管理系统业务架构见图 4-2。

图 4-2　风险预控管理系统业务架构

第二节　安全风险预控管理系统功能介绍

### 一、安全风险预控管理系统技术架构

安全风险预控管理系统采用四层技术架构，包括展示层、功能服务层、核心引擎层、数据层。

风险预控管理系统技术架构如图4-3所示。

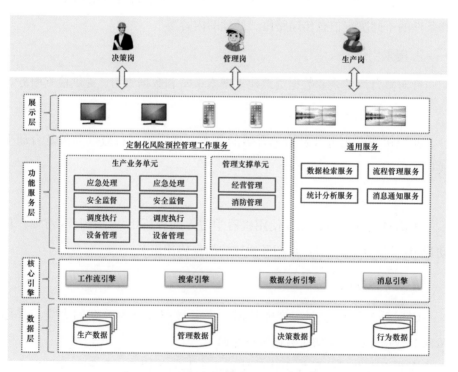

图 4-3　风险预控管理系统技术架构

## （一）展示层

展示层是用户接口，通过图形界面以及消息的方式为用户提供全面的功能服务。电脑端提供用户定制化功能和界面，向用户提供相对复杂的交互操作服务功能，手机端向用户提供快捷服务及信息即时提醒服务，大屏幕则集成信息展示功能，满足集中式的安全监测的需求。

## （二）核心引擎层

### 1. 工作流引擎

为平台提供工作流程定义及执行的支撑，让平台可以根据角色、分工和条件的不同决定信息传递路由、处理的内容等。

### 2. 搜索引擎

针对整合后的企业数据资源建立搜索策略和数据索引，提供检索服务。

### 3. 数据分析引擎

使用机器学习方式针对整合后的企业数据资源进行数据分析及自动生成报表。

### 4. 消息引擎

短消息通知服务，以及使用机器学习方式分析用户工作行为习惯，自动为用户推送信息，提供订阅及通知的消息传递服务。

## （三）数据层

数据分为生产数据、管理数据、决策数据、行为数据四大类。采用NoSQL 数据库存储结构对数据进行存储。

为适应安全风险预控工作的特点，企业数据以"人"和"物"两个维度存储和建立索引，确保风险预控主体的全生命周期的可追溯性。以"人"和"物"两个维度为中心的数据库如图 4-4 所示。

图 4-4　以"人"和"物"两个维度为中心的数据库

## （四）功能服务层

功能服务层划分为定制化风险预控管理通用服务和工作服务两大单元。

（1）通用服务单元依托核心引擎为所有用户提供全文数据检索、智能数据分析、消息通知服务，为平台管理者提供工作流程定制服务。

（2）定制化风险预控管理工作服务单元将安全风险预控管理制度体系中 22 个子系统相关的所有安全风险预控管理工作划分为可定制的功能模块，提供统一的工作流程定制及任务处理框架，为每个子系统的安全风险预控管理工作处理预留集成开发接口，使系统具备高度的可扩张性。

## 二、安全风险预控管理系统主要功能

### （一）集成工作台首页

集成工作台首页是用户的主要工作平台，集成了用户待办工作提示，订阅及更具用户习惯的信息阅览入口，提供数据检索、统计分析、知识库等工具的智能工具箱，以及用户可定制的快捷工作区入口。集成工作台首页如图4-5所示。

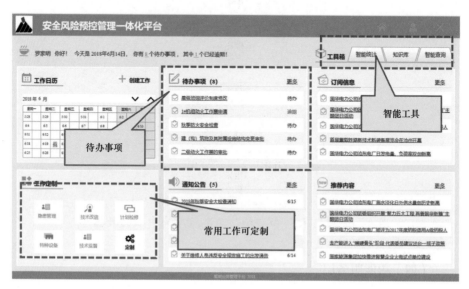

图 4-5　集成工作台首页

## （二）工作稽核督办

工作稽核督办以用户的工作任务为核心进行流程化管理，提供工作任务一览查询，可对待办、超期、已办等任务进行分类查询。提供工作办理功能，图例化工作办理流程，使工作办理流程和进度一目了然。提供工作相关制度的快捷阅览入口，方便在工作的同时查阅相关的制度内容。

1. 工作一览

工作一览界面如图4-6所示。

图 4-6　工作一览界面

## 2. 工作发起

工作发起界面如图 4-7 所示。

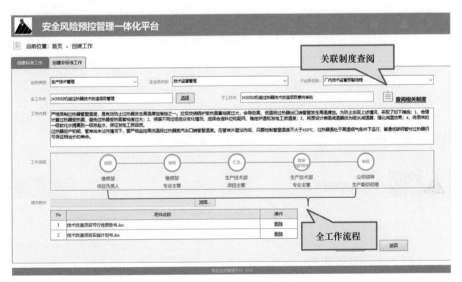

图 4-7　工作发起界面

## 3. 工作办理

工作办理界面如图 4-8 所示。

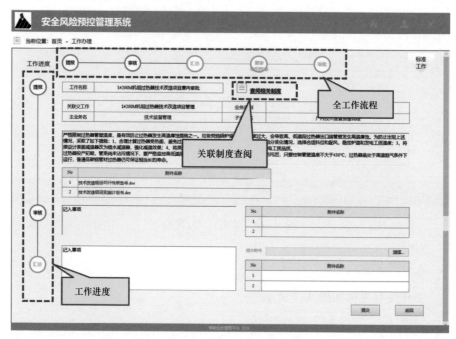

图 4-8　工作办理界面

### （三）数据检索服务

针对安全风险预控的非结构化数据资源提供全文检索功能，提供信息的快速查询服务。数据检索服务界面如图 4-9 所示。

图 4-9　数据检索服务界面

### （四）统计分析服务

通过机器学习实现安全风险预控数据的智能分析和报表生成，结合消息进行自动推送，为企业各组织单位提供工作及决策辅助。

### （五）消息通知服务

提示用户待办工作，显示系统公告信息，提供用户信息订阅服务，根据用户工作习惯向用户进行信息推送。集成短信及微信等移动办公应用全面及时地向用户分享信息。

# CHAPTER 5

# 国华沧电安全风险预控管理体系制度表单

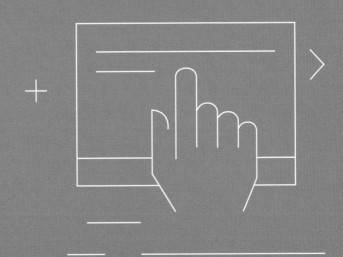

国华沧电安全风险预控管理体系制度表单如表 5-1 所示。

表 5-1　　　　　国华沧电安全风险预控管理体系制度表单

| 子系统名称 | 制度名称 | 表单名称 |
| --- | --- | --- |
| 安健环文化管理子系统 | 企业安健环文化建设管理制度实施细则 | 1. 安全管理承诺、安全方针管理流程 |
| | | 2.《企业安健环文化建设管理制度实施细则》执行情况检查／评价表 |
| | 安健环文化宣示系统管理制度实施细则 | 1. 安健环文化宣示系统管理流程 |
| | | 2.《神华集团安全生产"五个一"工程》宣传图板 |
| | | 3. 安健环文化宣示系统应用说明 |
| | | 4.《安健环文化宣示系统管理制度实施细则》执行情况检查／评价表 |
| | 星级班组建设管理制度实施细则 | 1. 职能部门参加班组定期活动表 |
| | | 2. 制度执行情况检查／评价表 |
| 发电管理职责与权限管理子系统 | 安健环目标管理办法 | 1. 安健环目标管理流程 |
| | | 2. 安健环目标管理办法检查评价表 |
| | 安全风险预控管理体系的修订管理制度实施细则 | 1. 安全风险预控管理体系制度修订流程 |
| | | 2. 子系统执行情况反馈单 |
| | | 3. 子系统／制度修订建议书 |
| | | 4.《安全风险预控管理体系的修订管理制度实施细则》执行情况检查／评价表 |
| | 安全风险预控管理体系文件的分级管理标准实施细则 | 1. 安全手册修订流程 |
| | | 2.《安全风险预控管理体系文件的分级管理标准实施细则》执行情况检查／评价表 |
| | 记录控制管理办法 | 1. 生产记录表单新增、修改审批流程 |
| | | 2. 记录清单 |

续表

| 子系统名称 | 制度名称 | 表单名称 |
|---|---|---|
| 发电管理职责与权限管理子系统 | 记录控制管理办法 | 3.《会议记录 会议纪要管理办法》执行情况检查／评价表 |
| 安健环组织与职责管理子系统 | 安健环组织管理办法 | 安健环组织管理流程 |
| | 安全生产责任制管理办法 | 安全生产责任制管理流程 |
| | 重大危险源管理办法 | 1. 河北省安全生产监督管理局重大危险源备案流程 |
| | | 2. 氨区重大危险源档案内容 |
| | | 3. 每日氨区日报模板 |
| | | 4.《重大危险源管理办法》执行情况检查／评价表 |
| | 安全生产奖惩管理标准实施细则 | 1. 奖惩管理流程 |
| | | 2. 安全管理奖惩标准 |
| | | 3. 环保管理奖惩标准 |
| | | 4. 生产基础管理奖惩标准 |
| | | 5. 可靠性指标管理奖惩标准 |
| | | 6. 检修管理奖惩标准 |
| | | 7. 设备缺陷管理奖惩标准 |
| | | 8. 运行管理奖惩标准 |
| | | 9. 运行指标管理奖惩标准 |
| | | 10. 燃料管理奖惩标准 |
| | | 11. 技术监督管理奖惩标准 |
| | | 12. 生产项目及费用管理奖惩标准 |
| | | 13. 物资管理奖惩标准 |
| | | 14. 科技信息管理奖惩标准 |

续表

| 子系统名称 | 制度名称 | 表单名称 |
|---|---|---|
| 安健环组织与职责管理子系统 | 安全生产奖惩管理标准实施细则 | 15. 海水淡化系统奖惩标准 |
| | | 16. 隐患管理奖惩标准 |
| | | 17. 消防管理奖惩标准 |
| | | 18. 管理制度体系落地和星级班组建设 |
| | | 19. 安全生产环保十条红线 |
| | | 20.《安全生产奖惩管理标准实施细则》执行情况检查 / 评价表 |
| | 生产安全专项奖励办法 | 1. 安全生产专项奖励发放流程 |
| | | 2. 安全专项奖励统计审批表单 |
| | | 3. 制度执行情况检查 / 评价表 |
| 风险管理子系统 | 风险控制与全过程管理制度实施细则 | 1. 风险控制与全过程管理拓扑图 |
| | | 2. 风险预控管理流程图 |
| | | 3. SEP 评估方法 |
| | | 4 检修作业风险等级划分标准 |
| | | 5. 每日风险预警模板 |
| | | 6. 细则执行情况检查 / 评价表 |
| | 安全性评价管理标准实施细则 | 1. 安全性评价流程图 |
| | | 2. 火力发电厂安全性评价发现的主要问题、整改建议及分项评分结果 |
| | | 3. 火力发电厂安全性评价检查发现问题及整改措施表 |
| | | 4. 制度执行情况检查 / 评价表 |
| | 人员作业行为规范管理标准实施细则 | 制度执行情况检查 / 评价表 |

续表

| 子系统名称 | 制度名称 | 表单名称 |
|---|---|---|
| 变更管理子系统 | 永久性变更管理制度实施细则 | 1. 设备（系统）永久性变更执行程序 |
| | | 2. 设备（系统）永久性变更申请表 |
| | | 3. 设备（系统）永久性变更报告 |
| | | 4. 设备（系统）永久性变更效果评审报告 |
| | | 5.《永久性变更管理细则实施细则》检查与评价表 |
| | 暂时和紧急变更管理制度实施细则 | 1. 设备（系统）暂时和紧急变更流程图 |
| | | 2. 设备（系统）暂时和紧急变更申请表 |
| | | 3. 设备（系统）暂时和紧急变更报告 |
| | | 4. 设备（系统）暂时和紧急变更恢复通知单 |
| | | 5. 设备暂时和紧急变更管理制度实施细则检查与评价表 |
| 符合法律法规和行业标准管理子系统 | 法律法规及行业标准更新管理办法 | 1. 法律法规及行业标准更新流程 |
| | | 2. 法律法规及行业标准执行清单 |
| | | 3. 企业法律风险管理评估表 |
| | | 4. 法律法规合规性评价表 |
| | | 5. 执行情况检查 / 评价表 |
| | 证照管理办法 | 1. 依法取得证照工作流程 |
| | | 2. 证照使用审批流程 |
| | | 3. 依法取得证照参考种类 |
| | | 4. 公司证照管理责任部门一览表 |
| | | 5. 证照统计表 |
| | | 6. 证照使用申请单 |
| | | 7. 执行情况检查 / 评价表 |

续表

| 子系统名称 | 制度名称 | 表单名称 |
|---|---|---|
| 安全生产与健康管理子系统 | 高危风险作业项目管理标准实施细则 | 1. 高危风险作业标准化管控流程 |
| | | 2. 高危风险作业项目开工申请单 |
| | | 3. 高危风险作业项目开工通知单 |
| | | 4. 人员作业专项培训记录表 |
| | | 5. 安全措施确认表 |
| | | 6. 每日安全技术交底记录表 |
| | | 7. 各级人员到位人员签到表 |
| | | 8. 旁站监理记录表 |
| | | 9. 高危风险作业项目档案 |
| | | 10. 国华沧电高危项目评估表 |
| | | 11. 沧东公司检修作业风险等级划分标准 |
| | | 12.《高危风险作业项目管理标准实施细则》执行情况检查 / 评价表 |
| | 安全生产例行工作管理办法 | |
| | 安措与反措管理办法 | 1. 安措与反措管理流程 |
| | | 2. 安措与反措计划填报格式 |
| | | 3. 安措与反措总结报告格式 |
| | 安健环监察管理办法 | 1. 安健环监察管理办法流程 |
| | | 2. 安全检查问题及安全隐患整改通知单 |
| | | 3. 制度执行情况检查 / 评价表 |
| | 安全生产费用管理办法 | 安全生产费用管理流程 |
| | 安全文明生产管理标准实施细则 | 1. 安全文明生产管理标准流程图 |
| | | 2. 安健环罚款通知单 |
| | | 3. 安健环整改通知单 |

| 子系统名称 | 制度名称 | 表单名称 |
|---|---|---|
| 安全生产与健康管理子系统 | 安全文明生产管理标准实施细则 | 4. 重要区域人员进出登记表 |
| | | 5. 检修管理看板 |
| | | 6. 检修摊点管理看板 |
| | | 7. 五牌一图管理看板 |
| | | 8. 制度执行情况检查 / 评价表 |
| | 生产信息管理标准实施细则 | 1. 重大事件汇报流程图 |
| | | 2. 国华电力下属单位停机备案表 |
| | | 3. 安健环监察部向国华公司相关部门日常或定期报表清单 |
| | | 4. 安健环监察部向政府、行业相关部门日常或定期报表清单 |
| | | 5. 生产技术部向国华公司相关部门日常或定期报表 |
| | | 6. 生产技术部向政府、行业相关部门日常或定期报表 |
| | | 7.《生产信息管理标准实施细则》执行情况检查 / 评价表 |
| | 安全用具管理标准实施细则 | 1. 安全用具管理标准实施流程图 |
| | | 2. 安全用具管理台账 |
| | | 3. 安全用具不合格台账 |
| | | 4. 安全用具报废台账 |
| | | 5. 新购安全用具检验表单 |
| | | 6. 安全用具定期检查表 |
| | | 7. 安全用具定期检验表 |
| | | 8. 安全用具领用登记表 |

续表

| 子系统名称 | 制度名称 | 表单名称 |
|---|---|---|
| 安全生产与健康管理子系统 | 安全用具管理标准实施细则 | 9. 安全用具报废申请表 |
| | | 10. 资产处置申请表 |
| | | 11. 自制安全（检修）工器具申请表 |
| | | 12. 制度执行情况检查／评价表 |
| | 临时电源管理标准实施细则 | 1. 临时电源管控流程图 |
| | | 2. 接取临时电源申请表 |
| | | 3. A/B/C 级检修临时电源使用申请计划表 |
| | | 4. 制度执行情况检查／评价表 |
| | 有限空间作业管理标准实施细则 | 1. 有限空间作业安全管理实施细则流程 |
| | | 2. 有限空间作业许可单 |
| | | 3. 人员作业专项培训记录表 |
| | | 4. 高危风险项目开工申请单 |
| | | 5. 有限空间作业现场处置方案编制导则 |
| | | 6. 有限空间作业动态检测记录表 |
| | | 7. 每日安全技术交底记录表 |
| | | 8. 有限空间出入登记表 |
| | | 9. 到位人员签到表 |
| | | 10.《有限空间作业管理标准实施细则》执行情况检查／评价表 |
| | 高处作业安全管理办法 | 1. 高处作业管控流程 |
| | | 2. 高处作业许可证 |
| | | 3. 脚手架验收卡 |
| | | 4. 脚手架（升降平台）现场验收单 |
| | | 5. 脚手架每日检查卡 |

续表

| 子系统名称 | 制度名称 | 表单名称 |
|---|---|---|
| 安全生产与健康管理子系统 | 高处作业安全管理办法 | 6.制度执行情况检查／评价表 |
| | 特种设备管理标准实施细则 | 1.特种设备管理流程图 |
| | | 2.特种设备安全监督管理组织机构 |
| | | 3.特种设备事故应急救援管理办法 |
| | | 4.特种设备分工及安全监督管理网络 |
| | | 5.特种设备维护保养管理规定 |
| | | 6.制度执行情况检查／评价表 |
| | 起重作业和起重设备设施管理办法 | 1.起重设备设施管理流程 |
| | | 2.起重设备每日巡查记录表 |
| | | 3.起重设备周检查记录单 |
| | | 4.起重设备年度检查项目记录单 |
| | | 5.双梁、单梁起重机检查记录单 |
| | | 6.制度执行情况检查／评价表 |
| | 电梯设备管理办法 | 1.电梯设备管理流程图 |
| | | 2.特种设备安全监督管理组织机构 |
| | | 3.乘客电梯、载货电梯日常维护保养项目（内容）和要求 |
| | | 4.《电梯设备管理办法》执行情况检查／评价 |
| | 厂内机动车管理办法 | 1.厂内机动车管理流程图 |
| | | 2.外来车辆管理流程图 |
| | | 3.厂内机动车辆档案（模板） |
| | | 4.厂内机动车辆检查表（模板） |
| | | 5.《厂内机动车辆管理办法》执行情况检查／评价表 |

续表

| 子系统名称 | 制度名称 | 表单名称 |
|---|---|---|
| 安全生产与健康管理子系统 | 防灾、减灾管理办法 | 1. 防灾减灾管理流程 |
| | | 2. 术语和定义 |
| | | 3. 制度执行情况检查/评价表 |
| | 职业病危害防治责任管理办法 | 1. 职业病危害防治责任制修订流程图 |
| | | 2. 制度执行情况检查/评价表 |
| | 职业病危害警示与告知管理办法 | 1. 职业病防治公告栏、职业病危害警示标识、职业病危害告知卡管理流程 |
| | | 2. 职业病危害告知书 |
| | | 3. 职业健康检查结果告知记录 |
| | | 4. 职业病危害告知卡 |
| | | 5. 制度执行情况检查/评价表 |
| | 职业病危害项目申报管理办法 | 1. 职业病危害项目申报流程 |
| | | 2. 职业病危害项目申报登记表 |
| | | 3. 制度执行情况检查/评价表 |
| | 职业病防治宣传教育培训管理办法 | 1. 职业健康培训流程 |
| | | 2. 主要负责人、职业卫生管理人员及职业病危害严重岗位人员职业卫生培训证书登记表 |
| | | 3. 职业卫生日常培训一览表 |
| | | 4. 制度执行情况检查/评价表 |
| | 职业病防护设施维护检修管理办法 | 1. 职业病防护设施维护检修管理流程 |
| | | 2. 主要职业病防护设施、应急救援设施配置表 |
| | | 3. 职业病防护设施、应急救援设施检修/维护/更换汇总表 |
| | | 4. 制度执行情况检查/评价表 |
| | 职业病防护用品管理办法 | 1. 劳动防护用品管理流程 |

续表

| 子系统名称 | 制度名称 | 表单名称 |
|---|---|---|
| 安全生产与健康管理子系统 | 职业病防护用品管理办法 | 2. 各岗位劳动防护用品发放标准 |
| | | 3. 沧东发电公司××年度劳动防护用品需求计划表 |
| | | 4. 劳动防护用品库存标准 |
| | | 5. 劳动防护用品异常报告单 |
| | | 6. 劳动防护用品急需采购申请表 |
| | | 7. 月度劳保用品库存盘点表 |
| | | 8. 劳动防护用品库存管理检查表 |
| | | 9. 劳动防护用品以旧换新申请表 |
| | | 10. 劳保用品赔偿申请表 |
| | | 11. 劳动防护用品发放／更换／维护记录 |
| | | 12. 劳动防护用品标准变更审批表 |
| | | 13. 废旧劳保用品报废申请表 |
| | | 14. 制度执行情况检查／评价表 |
| | 职业病危害监测及评价管理办法 | 1. 职业病危害因素检测流程 |
| | | 2. 职业病危害因素浓度（强度）日常监测记录 |
| | | 3. 职业病危害因素检测／监测超标整改一览表 |
| | | 4. 制度执行情况检查／评价表 |
| | 劳动者职业健康监护及其档案管理办法 | 1. 职业健康检查流程 |
| | | 2. 职业健康监护档案 |
| | | 3. 制度执行情况检查／评价表 |
| | 职业病危害事故处置与报告管理办法 | 1. 人身伤害、职业健康类事件调查分析流程图 |

续表

| 子系统名称 | 制度名称 | 表单名称 |
|---|---|---|
| 安全生产与健康管理子系统 | 职业病危害事故处置与报告管理办法 | 2. 制度执行情况检查 / 评价表 |
| | 职业病危害应急救援与管理办法 | 1. 应急响应流程图 |
| | | 2. 制度执行情况检查 / 评价表 |
| | 岗位职业卫生操作规程管理办法 | 1. 岗位职业卫生操作规程修订流程 |
| | | 2. 制度执行情况检查 / 评价表 |
| | 建设项目职业病防护设施"三同时"管理办法 | 1. 建设项目职业病防护设施"三同时"管理工作流程图 |
| | | 2. 制度执行情况检查 / 评价表 |
| 消防管理子系统 | 消防管理制度实施细则 | 1. 消防安全检查整改流程图 |
| | | 2. 固定消防系统停用及消防水使用申请流程图 |
| | | 3. 消防安全岗位责任制 |
| | | 4. 消防设施的管理规定 |
| | | 5. 防火检查区域分工和消防设施、器材责任分工 |
| | | 6. 消防安全检查管理要求 |
| | | 7. 火灾隐患管理规定 |
| | | 8. 火险隐患整改通知书 |
| | | 9. 消防不符合项整改通知单 |
| | | 10. 消防设备定期工作管理规定 |
| | | 11. 消防定期检查、试验记录要求 |
| | | 12. 灭火剂按火灾分类的适用范围 |
| | | 13. 防火重点部位管理规定 |
| | | 14. 防火重点部位检查表 |

续表

| 子系统名称 | 制度名称 | 表单名称 |
|---|---|---|
| 消防管理子系统 | 消防管理制度实施细则 | 15. 固定消防系统停用及消防水使用管理规定 |
| | | 16. 生产现场检修施工的消防安全管理规定 |
| | | 17. 消防安全教育培训 |
| | | 18. 制度执行情况检查 / 评价表 |
| | 消防队管理办法 | 1. 消防队出警流程图 |
| | | 2. 检修工艺步骤及质量标准 |
| | | 3. 试验项目及标准 |
| | | 4. 车辆器材检查记录 |
| | | 5. 防火检查记录表 |
| | | 6. 制度执行情况检查 / 评价表 |
| 外界服务管理子系统 | 承包商管理制度实施细则 | 1. 承包商资质审查表 |
| | | 2. 检修施工环境风险及防范措施表 |
| | | 3. 承包商管理台账 |
| | | 4. 承包商综合评价报告 |
| | | 5. 检修承包商评价标准 |
| | | 6. 生产外委承包商评价标准 |
| | | 7.《承包商管理制度实施细则》检查评价表 |
| | 供应商管理办法 | 《供应商管理办法》执行情况检查 / 评价表 |
| 安全培训管理子系统 | 安全培训管理制度实施细则 | 1. 安全培训计划实施流程 |
| | | 2. 违章再培训流程 |
| | | 3. 新入厂（含劳务派遣）、离岗三个月以上人员培训流程 |
| | | 4. 安全培训元素 —— 执行指南 |

| 子系统名称 | 制度名称 | 表单名称 |
|---|---|---|
| 安全培训管理子系统 | 安全培训管理制度实施细则 | 5.违章再培训通知单 |
| | | 6.违章再培训效果评价表 |
| | | 7.企业职工安全教育培训档案 |
| | | 8.制度执行情况检查/评价表 |
| 评估管理子系统 | 评估管理制度实施细则 | 1. 安全风险预控管理体系内审流程 |
| | | 2.安全风险预控管理体系内审报告（范本） |
| | | 3.制度执行情况检查/评价表 |
| | 生产管理对标制度实施细则 | 1.生产管理对标实施流程 |
| | | 2.制度执行情况检查/评价表 |
| 工程项目管理子系统 | 技术更新改造项目管理制度实施细则 | 1.技术更新改造项目管理流程图 |
| | | 2.年度技术改造项目意向计划 |
| | | 3. 项目立项阶段文件<br>3-1设备状态分析报告<br>3-2项目调研报告<br>3-3重大项目情况简表<br>3-4技术更新改造项目可行性研究报告（小型技改格式）<br>3-5技术改造及重大修理项目可研报告书（500万元以上）<br>3-6重大修理项目可行性研究报告 |
| | | 4. 项目启动阶段文件<br>4-1项目经理任命书<br>4-2项目组织结构 |

| 子系统名称 | 制度名称 | 表单名称 |
|---|---|---|
| 工程项目管理子系统 | 技术更新改造项目管理制度实施细则 | 5. 项目计划阶段文件<br>5-1 项目管理策划书<br>5-2 施工图纸会审记录单<br>5-3 施工组织设计<br>5-4 项目风险评估报告 |
| | | 6. 项目实施与控制阶段文件<br>6-1 重大项目开工自查表<br>6-2 项目开工报告<br>6-3 承包商现场施工日报单<br>6-4 项目变更单<br>6-5 质量验收单<br>6-6 关键工序验收单<br>6-7 脚手架搭设验收单<br>6-8 隐蔽工程验收单<br>6-9 静态验收签证单 |
| | | 7. 调试阶段文件<br>7-1 试运申请单<br>7-2 试运报告<br>7-3 竣工验收单<br>7-4 设备移交单<br>7-5 移交报告<br>7-6 技改项目移交接管证明文件<br>7-7 设备异动竣工报告 |
| | | 8. 项目结尾阶段文件<br>8-1 竣工决算表<br>8-2 技改项目竣工报告<br>8-3 修理项目竣工报告<br>8-4 重大项目总结报告<br>8-5 重大项目验收情况汇总表 |
| | | 9. 后评价报告 |

续表

| 子系统名称 | 制度名称 | 表单名称 |
|---|---|---|
| 工程项目管理子系统 | 技术更新改造项目管理制度实施细则 | 10.《技术更新改造项目管理制度实施细则》检查／评价表 |
| | | 11 五年生产建设与改造项目建议计划 |
| | | 12. 技改项目计划月度分析报告 |
| | 工程项目监理管理标准实施细则 | 1. 生产工程项目监理管理流程图 |
| | | 2. 工程监理服务内容及标准 |
| | | 3. 工程项目委托监理合同（示范文本） |
| | | 4. 项目工程监理计划 |
| | | 5. 项目工程监理实施细则 |
| | | 6. 监理文件不符合通知单 |
| | | 7. 监理工器具检定不符合通知单 |
| | | 8. 监理不符合报告通知单 |
| | | 9. 监理观察项 |
| | | 10. 监理建议书 |
| | | 11. 监理评价报告 |
| | | 12.《生产工程项目监理管理标准实施细则》执行情况检查评价表 |
| | 重大项目后评价管理标准实施细则 | 1. 重大项目后评价管理流程 |
| | | 2. 重大项目综合评价指标体系 |
| | | 3. 重大项目后评价报告 |
| | | 4.《重大项目后评价管理标准实施细则》检查评价表 |
| | 工程安全管理办法 | 制度执行情况检查／评价表 |
| 生产准备管理子系统 | 生产准备工作策划管理制度实施细则 | 1. 生产准备工作关键业务流程 |

| 子系统名称 | 制度名称 | 表单名称 |
|---|---|---|
| 生产准备管理子系统 | 生产准备工作策划管理制度实施细则 | 2.生产准备规划大纲标准版本 |
| | | 3.《生产准备工作计划管理制度实施细则》执行情况检查/评价表 |
| | 生产人员参与工程建设管理制度实施细则 | 1.生产人员参与工程建设管理流程 |
| | | 2.《生产人员参与工程建设管理制度实施细则》执行情况检查评价表 |
| | 生产准备检查管理制度实施细则 | 1.生产准备检查管理流程 |
| | | 2.厂用电受电前检查大纲 |
| | | 3.国华电力生产准备月度报表 |
| | | 4.细则执行情况检查/评价表 |
| | 设备代保管管理标准实施细则 | 1. 设备代保管管理流程 |
| | | 2.《设备或系统代保管交接签证卡》 |
| | | 3. 《备品配件移交清单》 |
| | | 4. 《工器具移交清单》 |
| | | 5. 《材料移交清单》 |
| | | 6.制度执行情况检查/评价表 |
| 运营管理子系统 | 生产例会管理办法 | 1.生产例会管理流程 |
| | | 2.月度例会纪要格式 |
| | | 3.《生产例会管理办法》执行情况检查评价表 |
| | 生产值班管理办法 | 1.生产值班管理流程图 |
| | | 2.生产值班管理办法执行情况检查评价表 |
| | 重要操作到岗到位管理办法 | 1.值班流程、重要操作到岗到位流程 |
| | | 2.国华沧电重要操作项目及应到岗人员明细表 |
| | | 3.国华沧电重要操作到岗人员签到表 |

续表

| 子系统名称 | 制度名称 | 表单名称 |
|---|---|---|
| 运营管理子系统 | 重要操作到岗到位管理办法 | 4.制度执行情况检查/评价表 |
| | 专业技术组管理办法 | 1.专业技术组管理流程 |
| | | 2.专业技术组人员明细 |
| | | 3.专业例会会议纪要 |
| | | 4.专项会议纪要 |
| | | 5.月度专业例会取消申请表 |
| | | 6.××专业会议任务管控表 |
| | | 7.制度执行情况检查/评价表 |
| | 防寒防冻管理办法 | 1.防寒防冻管理流程图 |
| | | 2.防寒防冻组织机构 |
| | | 3.防寒防冻措施 |
| | | 4.重点防寒防冻设备区域及检查标准 |
| | | 5.防寒防冻问题或异常事件整改计划 |
| | | 6.防寒防冻检查表单 |
| | | 7.国华沧电××年防寒防冻工作方案 |
| | | 8.《防寒防冻管理办法》执行情况检查/评价表 |
| | 防暑度夏管理办法 | 1.防暑度夏管理流程图 |
| | | 2.防暑度夏组织机构 |
| | | 3.防暑度夏措施 |
| | | 4.防暑度夏工作方案 |
| | | 5.防暑度夏问题或异常事件整改计划 |
| | | 6.集控防暑度夏执行表单 |

续表

| 子系统名称 | 制度名称 | 表单名称 |
|---|---|---|
| 运营管理子系统 | 防暑度夏管理办法 | 7. 化学防暑度夏执行表单 |
| | | 8.《防暑度夏管理办法》执行情况检查 / 评价表 |
| | 电厂标识系统管理标准实施细则 | 1. KKS 管理流程 |
| | | 2. KKS 编码的格式 |
| | | 3.《电厂标识系统管理标准实施细则》执行情况检查 / 评价表 |
| | 设备可靠性管理制度实施细则 | 1. 可靠性管理流程图 |
| | | 2. 月度分析模板 |
| | | 3. 检修周期分析模板 |
| | | 4. 年度设备可靠性分析报告模板 |
| | | 5.《设备可靠性管理细则》执行情况检查 / 评价表 |
| | 定期工作管理制度实施细则 | 1. 定期工作标准编写与修订流程 |
| | | 2. 定期工作执行调整流程 |
| | | 3. 设备定期工作记录（例） |
| | | 4. 定期工作自动生成工单信息表 |
| | | 5. 定期工作总结及下月定期工作计划 |
| | | 6. 定期工作标准修订申请单 |
| | | 7. 定期工作执行调整申请单 |
| | | 8. 国华沧电 ×× 年定期工作标准 |
| | | 9. 各专业设备给油脂标准表 |
| | | 10.《定期工作管理制度实施细则》执行情况检查 / 评价表 |

续表

| 子系统名称 | 制度名称 | 表单名称 |
|---|---|---|
| 运营管理子系统 | 节能管理制度实施细则 | 1. 节能管理流程图 |
| | | 2. 节能工作调整申请表 |
| | | 3. 年度节能减排管控指标月度分解表 |
| | | 4. 能耗指标控制计划 |
| | | 5. 神华河北国华沧东发电有限责任公司节能组织机构图 |
| | | 6.《节能管理制度》执行情况检查 / 评价表 |
| | 燃煤机组能耗诊断与优化运行标准实施细则 | 1. 燃煤机组能耗诊断与优化运行工作流程图 |
| | | 2. 燃煤机组能耗诊断报告 |
| | | 3.《燃煤机组能耗诊断与优化运行工作标准实施细则》执行情况检查 / 评价表 |
| | 生产运营指标分析管理制度实施细则 | 1. 生产运行指标分析流程图 |
| | | 2. 生产指标分析方法 |
| | | 3. 运行分析方法及要求 |
| | | 4. 相关表单 |
| | | 5.《生产运营指标分析管理制度》执行情况检查 / 评价表 |
| | 运行生产综合指标竞赛考核管理办法 | 1. 运行生产综合指标竞赛管理流程图 |
| | | 2. 指标权重和人员分配系数表 |
| | | 3. 小指标得分明细表 |
| | | 4.《运行生产综合指标竞赛考核管理制度》执行情况检查 / 评价表 |
| | 机组运行指标竞赛办法实施细则 | 1. 机组运行指标竞赛奖励审批、发放流程图 |
| | | 2. 经济性指标基准值及评分标准 |
| | | 3. 供电煤耗、直接厂用电率、辅机电耗基准值 |

续表

| 子系统名称 | 制度名称 | 表单名称 |
|---|---|---|
| 运营管理子系统 | 机组运行指标竞赛办法实施细则 | 4. 竞赛指标及评分标准 |
| | | 5.《机组运行指标竞赛实施细则》执行情况检查／评价表 |
| | 操作票管理标准实施细则 | 1. 操作票执行流程图、操作票库建立流程图 |
| | | 2. 操作票一般要求 |
| | | 3. 操作票应填写内容 |
| | | 4. 不合格操作票 |
| | | 5.《操作票管理标准实施细则》执行情况检查／评价表 |
| | 动火工作票管理标准实施细则 | 1. 动火工作票签发流程 |
| | | 2. 一级动火工作票格式 |
| | | 3. 二级动火工作票格式 |
| | | 4. 可燃气体及可燃粉尘爆炸极限表 |
| | | 5.《动火工作票管理标准实施细则》执行情况检查／评价表 |
| | 工作票管理标准实施细则 | 1. 工作票管控流程 |
| | | 2. 工作票填用具体要求 |
| | | 3. 国华沧电抢修单 |
| | | 4. 工作票统计表 |
| | | 5. 制度执行情况检查／评价表 |
| | 生产区域动土管理办法 | 1. 动土票执行流程 |
| | | 2.《生产区域动土工作管理办法》执行情况检查／评价表 |
| | 交接班管理标准实施细则 | 1. 交接班管理流程 |

续表

| 子系统名称 | 制度名称 | 表单名称 |
|---|---|---|
| 运营管理子系统 | 交接班管理标准实施细则 | 2. 班前会、班后会记录 |
| | | 3. 接班检查表 |
| | | 4.《交接班管理标准》执行情况检查 / 评价表 |
| | 巡回检查管理标准实施细则 | 1. 巡回检查流程图 |
| | | 2. 巡回检查内容 |
| | | 3. 巡回检查记录范例 |
| | | 4.《巡回检查管理标准实施细则》检查 / 评价表 |
| | 运行规程、系统图管理制度实施细则 | 1. 规程、系统图修订审批流程图 |
| | | 2. 规程、系统图审批报表 |
| | | 3. 机组集控运行规程编写规范 |
| | | 4. 机组系统图册编写规范 |
| | | 5. 重要开关、重要阀门 —— 执行指南 |
| | | 6.《运行规程、系统图管理制度》执行情况检查 / 评价表 |
| | 运行台账、报表、记录管理标准实施细则 | 1. 运行台账、报表、日志管理流程图 |
| | | 2. 运行日志、报表及台账 |
| | | 3.《运行记录、台账、报表管理标准实施细则》执行情况检查 / 评价表 |
| | 设备定期试验和轮换管理标准实施细则 | 1. 设备定期试验和轮换工作流程图 |
| | | 2. 定期工作执行调整申请单 |
| | | 3. 定期工作标准修订申请单 |
| | | 4. 定期试验和轮换工作清单及风险分级 |
| | | 5. 设备定期试验和轮换记录范例 |

| 子系统名称 | 制度名称 | 表单名称 |
|---|---|---|
| 运营管理子系统 | 设备定期试验和轮换管理标准实施细则 | 6. 设备定期试验和轮换标准实施细则检查评价表 |
| | 倒闸操作管理标准实施细则 | 1. 倒闸操作执行流程图 |
| | | 2. 倒闸操作技术原则 |
| | | 3. 高压开关技术要求 |
| | | 4.《集控运行规程》关于电气设备异常处理的相关规定 |
| | | 5.《倒闸操作管理标准实施细则》执行情况检查 / 评价表 |
| | 防止人员三误管理办法 | 1. 微机五防闭锁装置管理流程图 |
| | | 2. 钥匙借用流程图 |
| | | 3. 微机防误闭锁装置退出申请单 |
| | | 4. 防止人员三误管理办法检查 / 评价表 |
| | 关键设备保护系统管理标准实施细则 | 1. 保护投退申请单审批流程 |
| | | 2. 逻辑修改申请流程 |
| | | 3. 关键台账保护系统台账审批流程 |
| | | 4. 保护投退操作卡审批流程 |
| | | 5. 保护投退申请单 |
| | | 6. 保护投退操作卡 |
| | | 7. 逻辑修改申请单 |
| | | 8. 信号仿真记录 |
| | | 9. 保护投退记录（运行） |
| | | 10. 制度执行情况检查 / 评价表 |
| | 继电保护及安全自动装置管理标准实施细则 | 1. 保护投退申请单审批流程 |

续表

| 子系统名称 | 制度名称 | 表单名称 |
|---|---|---|
| 运营管理子系统 | 继电保护及安全自动装置管理标准实施细则 | 2. 保护投退申请单 |
| | | 3. 保护投退操作卡 |
| | | 4. 电气定值修改管理流程 |
| | | 5. 定值修改审批单 |
| | | 6. 定值清单审批流程 |
| | | 7. 继电保护检验工作计划表 |
| | | 8. 电气二次专业未消除缺陷及其他工作台账 |
| | | 9. 标准执行情况检查评价表 |
| | 生产现场无线电装置使用管理标准实施细则 | 1. 生产现场无线电装置使用管理流程 |
| | | 2.《生产现场无线电装置使用管理标准》执行情况检查 / 评价表 |
| | 技术监督管理制度实施细则 | 1. 技术监督管理流程图 |
| | | 2. 技术监督预警、告警流程图 |
| | | 3. 技术监督异常情况告警分类 |
| | | 4. 技术监督异常情况告警通知单 |
| | | 5. 厂内技术监督异常超标、预警通知单 |
| | | 6. 厂内技术监督告警单 |
| | | 7. 技术监督工作调整申请单 |
| | | 8. 河北国华沧东发电有限责任公司技术监督三级网络组织机构 |
| | | 9. 技术监督管理细则实施细则检查 / 评价表 |
| | 热工技术监督管理办法 | 1. 热工技术监督三级网络图 |
| | | 2. 河北省南部电网热工技术监督综合月报表 |
| | | 3. 热工全过程技术监督内容及要求 |
| | | 4. 热工主要检测参数及系统 |

续表

| 子系统名称 | 制度名称 | 表单名称 |
|---|---|---|
| 运营管理子系统 | 热工技术监督管理办法 | 5. 热工仪表及控制装置主要考核指标 |
| | | 6. 热工仪表及控制装置评级标准 |
| | | 7. 制度执行情况检查 / 评价表 |
| | 绝缘技术监督管理办法 | 1. 绝缘技术监督三级网络图 |
| | | 2. 河北国华沧东发电有限责任公司绝缘缺陷及损坏事故月报表 |
| | | 3. 河北国华沧东发电有限责任公司绝缘缺陷及损坏事故季度报表 |
| | | 4. 各种台账表单 |
| | | 5. 制度执行情况检查 / 评价表 |
| | 电测技术监督管理办法 | 1. 电测技术监督三级网络图 |
| | | 2. 电测仪器仪表台账记录表 |
| | | 3. 电测仪器仪表校验记录表 |
| | | 4. 电测培训记录表 |
| | | 5. 报废记录表 |
| | | 6. 封存记录表 |
| | | 7. 电测仪表设备的检验及轮换周期 |
| | | 8. 制度执行情况检查 / 评价表 |
| | 继电保护技术监督管理办法 | 1. 继电保护技术监督三级网络图 |
| | | 2. 仪器仪表台账记录表单 |
| | | 3. 继电保护检验计划表单 |
| | | 4. 继电保护培训记录表单 |
| | | 5. 继电保护设计、施工、交接验收监督管理 |
| | | 6. 运行监督管理 |
| | | 7. 标准执行情况检查评价表 |

续表

| 子系统名称 | 制度名称 | 表单名称 |
|---|---|---|
| 运营管理子系统 | 化学技术监督管理办法 | 1. 化学技术监督三级网络图监督 |
| | | 2. 化学监督质量标准 |
| | | 3. 1、2 号机组水汽质量合格率、药品消耗及在线化学仪表月统计表 |
| | | 4. 二期超临界机组水汽质量合格率统计月报 |
| | | 5. ××月份热力设备运行工况化学监督综合月报表 |
| | | 6. ××月份氢气质量监督统计报表 |
| | | 7. 各种台账表单 |
| | | 8. 辅机油厂内技术监督预警通知单 |
| | | 9. 油务监督相关要求 |
| | | 10. 制度执行情况检查/评价表 |
| | 电能质量技术监督管理办法 | 1. 电能质量技术监督三级网络图 |
| | | 2. 无功电压运行情况分析表单 |
| | | 3. AVC 运行情况表单 |
| | | 4. 电能质量技术监督管理办法执行情况检查/评价表 |
| | 节能技术监督管理办法 | 1. 节能技术监督三级网络图 |
| | | 2. 生产指标月报表 |
| | | 3. 汽机能耗监督参数月报表 |
| | | 4. 锅炉能耗监督参数月报表 |
| | | 5. 河北南网电量平衡表 |
| | | 6.《节能技术监督管理办法》执行情况检查评价表 |
| | 汽轮机技术监督管理办法 | 1. 汽轮机技术监督三级网络 |

续表

| 子系统名称 | 制度名称 | 表单名称 |
|---|---|---|
| 运营管理子系统 | 汽轮机技术监督管理办法 | 2. 汽轮机年度工作计划 |
| | | 3. 汽轮机人员状况统计年度报表 |
| | | 4. 汽轮机振动月度报表 |
| | | 5.《汽轮机技术监督管理办法》检查／评价表 |
| | 金属技术监督管理办法 | 1. 金属技术监督三级网络图 |
| | | 2. 河北国华沧东发电有限责任公司金属监督综合情况月报表 |
| | | 3. 河北国华沧东发电有限责任公司锅炉四管及重要部件金属监督报表 |
| | | 4. 各种台账表单 |
| | | 5. 制度执行情况检查／评价表 |
| | 水工技术监督管理办法 | 1. 绝缘技术监督三级网络图 |
| | | 2. 水工监督综合月报 |
| | | 3. 取水、输水、排水设施巡视检查记录表 |
| | | 4. 蓄水池巡视检查记录表 |
| | | 5. 港口巡视检查记录表 |
| | | 6. 水源水库巡视检查记录表 |
| | | 7. 贮灰场巡视检查记录表 |
| | | 8.《水工技术监督管理办法》检查／评价表 |
| | 励磁技术监督管理办法 | 1. 励磁技术监督三级网络图 |
| | | 2. 仪器仪表台账记录表单 |
| | | 3. 励磁检验计划表单 |
| | | 4. 励磁系统培训计划表单 |
| | | 5. 励磁系统技术监督的要求 |
| | | 6. 励磁系统定值的监督 |

续表

| 子系统名称 | 制度名称 | 表单名称 |
|---|---|---|
| 运营管理子系统 | 励磁技术监督管理办法 | 7. 励磁系统技术指标要求 |
| | | 8. 标准执行情况检查评价表 |
| | 锅炉压力容器技术监督管理办法 | 1. 锅炉压力容器技术监督三级网络图 |
| | | 2. 气瓶使用及储存管理规定 |
| | | 3. 河北国华沧东发电有限责任公司锅炉压力容器季度报表 |
| | | 4. 制度执行情况检查 / 评价表 |
| | 环境保护技术监督管理办法 | 1. 环保技术监督三级网络图 |
| | | 2. 环保指标计算说明 |
| | | 3. 国华公司环保监督报表 |
| | | 4. 河北南网环保监督月报表 |
| | | 5. 河北南网湿式石灰石 — 石膏脱硫系统运行参数月报表 |
| | | 6. 河北南网环保综合季报 |
| | | 7. 河北南网废水监测季报表 |
| | | 8. 厂界噪声监测半年报表 |
| | | 9. 河北南网工频电场监测半年报表 |
| | | 10. 河北南网环保综合年报 |
| | | 11. 各类废水处理设施出口监测项目及周期 |
| | | 12. 环保技术监督管理控制流程 |
| | | 13. 环保监督内容 |
| | | 14. 制度执行情况检查 / 评价表 |
| | 生活水水质监督管理办法 | 1. 生活水水样检测流程图 |
| | | 2. 海水检验项目 |
| | | 3. 生活水检验项目（国华沧电运行人员日常监测项目） |

续表

| 子系统名称 | 制度名称 | 表单名称 |
|---|---|---|
| 运营管理子系统 | 生活水水质监督管理办法 | 4.化验人员每周检测项目（含委托检验项目） |
| | | 5.海水取水口水污染事故应急预案 |
| | | 6.生活水水质监督管理办法执行情况检查/评价表 |
| | 化学检测室管理办法 | 1.化学检测室管理规定审批流程 |
| | | 2.化学检测室管理办法检查评价表 |
| | 热工试验室管理办法 | 1.热工试验室管理规定的审批流程 |
| | | 2.热工试验室计量标准器具管理台账 |
| | | 3.热工计量标准器具送检台账 |
| | | 4.热工试验室计量标准器具借用台账 |
| | | 5.热工试验室仪器修理台账 |
| | | 6.热工试验仪器报废台账 |
| | | 7.备件（材料）管理台账 |
| | | 8.《热工试验室管理办法》执行情况检查/评价表 |
| | 电气二次电测试验室管理办法 | 1.电气二次试验室管理规定的审批流程 |
| | | 2.电气二次试验室仪器借用台账 |
| | | 3.电气二次试验室仪器修理台账 |
| | | 4.电气二次试验室仪器检验台账 |
| | | 5.电测仪表校验记录台账 |
| | | 6.电测试验仪器报废台账 |
| | | 7.《电气二次试验室管理办法》检查/评价表 |
| | 高压试验室管理办法 | 1.高压试验室管理规定的审批流程 |
| | | 2.高压试验室仪器台账 |
| | | 3.高压试验室设备检定台账 |
| | | 4.高压试验仪器不合格台账 |

续表

| 子系统名称 | 制度名称 | 表单名称 |
|---|---|---|
| 运营管理子系统 | 高压试验室管理办法 | 5. 高压试验仪器报废台账 |
| | | 6. 高压试验室仪器借用台账 |
| | | 7. 高压安全工器具试验台账 |
| | | 8. 制度执行情况检查／评价表 |
| | | 1. 建（构）筑物及其附属设施结构变更审批流程图 |
| | | 2. 建（构）筑物及其附属设施维护管理流程图 |
| | | 3. 国华沧电建构筑物台账 |
| | | 4. 国华沧电建构筑物清单 |
| | | 5. 建（构）筑物及其附属设施管理要求 |
| | | 6. 建（构）筑物及其附属设施维修保养标准 |
| | | 7. 国华沧电 ×× 年建构筑物整体评估表 |
| | | 8. 建（构）筑物及其附属设施维修项目 |
| | | 9. 建构筑物检查记录表 |
| | | 10. 汛期专项检查问题及整改计划表——建构筑物 |
| | | 11. 建构筑物及其附属设施检查要求 |
| | | 12. 厂房建筑爬梯定期检查记录表 |
| | | 13.《建（构）筑物及其附属设施维护管理办法》执行情况检查／评价表 |
| 生产调度管理子系统 | 安全生产调度管理制度实施细则 | 《安全生产调度管理制度实施细则》执行情况检查／评价表 |
| | 值长与调度联系／通信管理标准实施细则 | 1. 值长与调度联系通信管理流程图 |
| | | 2.《值长与调度联系／通讯管理标准实施细则》执行情况检查／评价表 |
| | 生产调度安全信息分级报送管理制度实施细则 | 1. 生产调度安全信息分级报送流程图 |

续表

| 子系统名称 | 制度名称 | 表单名称 |
|---|---|---|
| 生产调度管理子系统 | 生产调度安全信息分级报送管理制度实施细则 | 2. 国华电力所属各发电公司停机备案表 |
| | | 3. 神华集团公司生产安全事故快报 |
| | | 4. 生产视频调度会汇报 |
| | | 5.《生产调度安全信息分级报送管理制度实施细则》执行情况检查/评价表 |
| | 生产信息系统数据准确性保管迎制度实施细则 | 1. 生产信息系统数据修改流程图 |
| | | 2. PI 系统日常数据修改流程图 |
| | | 3. 生产统计数据核查流程 |
| | | 4. 经营统计数据核查流程 |
| | | 5.《生产信息系统数据准确性保障管理制度实施细则》执行情况检查/评价表 |
| 检修管理子系统 | 设备分工管理办法 | 设备分工管理办法执行情况检查/评价表 |
| | 发电设备点检定修管理制度实施细则 | 1. 设备点检定修管理流程图 |
| | | 2. 设备点检定修管理标准 |
| | | 3. 转动设备振动检查分析标准 |
| | | 4. 设备点检定修管理表单范例 |
| | | 5.《发电设备点检定修管理办法》执行情况检查/评价表 |
| | 设备缺陷管理办法 | 1. 缺陷管理流程图 |
| | | 2. BFS++ 四类缺陷管理平台使用规定 |
| | | 3. 消缺奖分配原则 |
| | | 4. 缺陷管理要求 |
| | | 5. 无渗漏考核标准及考核细则 |
| | | 6. 无渗漏组织机构及职责 |
| | | 7. 渗漏点治理要求 |
| | | 8. 密封点台账格式 |
| | | 9. 无渗漏管理月度工作报表 |

续表

| 子系统名称 | 制度名称 | 表单名称 |
|---|---|---|
| 检修管理子系统 | 设备缺陷管理办法 | 10. 无渗漏管理台账 |
| | | 11. 专业缺陷分析 |
| | | 12. 缺陷管理总结 |
| | | 13. 无渗漏工作自查报告 |
| | | 14.《设备缺陷管理办法》执行情况检查 / 评价表 |
| | 申请票使用管理办法 | 1. 申请票办理流程 |
| | | 2. 申请票格式 |
| | | 3. 需要向值长提申请票的工作范围 |
| | | 4. 制度执行情况检查 / 评价表 |
| | 技术资料管理办法 | 《技术资料管理办法》检查 / 评价表 |
| | ABC 级检修管理标准实施细则 | 1.ABC 级检修管理流程图 |
| | | 2. 检修准备任务书 |
| | | 3. 相关表单等 × × 年 × 号机组 × 级检修开工条件自查报告 |
| | | 4. 检修日、周信息汇报 |
| | | 5. 检修工作使用的表单 |
| | | 6. A 级检修前设备评估报告 |
| | | 7. 检修管理策划书 |
| | | 8. 解体报告 |
| | | 9. 检修总结 |
| | | 10. 细则执行情况检查 / 评价表 |
| | 检修计划管理制度实施细则 | 1. 机组 A/B/C/D 检修计划管理流程 |
| | | 2. 重要辅机及公用系统设备检修计划管理流程 |
| | | 3. 检修间隔调整申请单 |

续表

| 子系统名称 | 制度名称 | 表单名称 |
|---|---|---|
| 检修管理子系统 | 检修计划管理制度实施细则 | 4. 检修取消（增加）申请单 |
| | | 5. 检修开工申请单 |
| | | 6. 检修开工日期变更申请单 |
| | | 7. 检修工期变更申请单 |
| | | 8. 年度检修计划及 1+5 年度检修滚动规划 |
| | | 9. 年度检修计划及工期进度 |
| | | 10. 年度重要辅机及公用系统设备检修计划 |
| | | 11. 重要辅机及公用系统检修计划调整申请单 |
| | | 12. 月度重要辅机及公用系统检修计划总结 |
| | | 13.《检修计划管理制度实施细则》执行情况检查 / 评价表 |
| | 检修费用管理制度实施细则 | 1. 检修费用管理制度实施细则管理流程图 |
| | | 2. 年度生产业务计划 |
| | | 3. 年度检修费用计划及五年费用预测<br>3-1. 日常维护备件及材料费用计划<br>3-2. 日常维护外委项目费用计划<br>3-3. 日常维护增补费用计划<br>3-4.C 级检修备件及材料费用计划<br>3-5.A 级检修备件及材料费用计划<br>3-6. 计划检修外委托项目计划 |
| | | 4. 年度生产重大修理计划 |
| | | 5. 五年生产重大修理规划 |
| | | 6. 年度检修费用三级预算分解 |
| | | 7. 项目变更技术方案 |
| | | 8. 费用调整申请单 |

续表

| 子系统名称 | 制度名称 | 表单名称 |
|---|---|---|
| 检修管理子系统 | 检修费用管理制度实施细则 | 9.月度检修费用统计报表及分析报告 |
| | | 9-1××年生产费用执行汇总表——××电厂（××年××月） |
| | | 9-2修理费用月分析——××电厂（××年××月） |
| | | 9-3检修费用执行情况月报(××年××月) |
| | | 9-4其他费用执行情况月报（××年××月） |
| | | 9-5其他费用报表——××电厂（××年××月） |
| | | 9-6小型技改费及零购执行情况月报（××年××月） |
| | | 9-7××年小型技改及零购费用报表——××电厂（××年××月） |
| | | 9-8技改费及重大项目执行情况月报（××年××月） |
| | | 10.《检修费用管理制度实施细则》检查评价表 |
| | 检修进度管理制度实施细则 | 1.检修进度管理流程图 |
| | | 2.检修一级网络进度图范例 |
| | | 3.检修二级网络进度图范例 |
| | | 4.检修三级网络进度图范例 |
| | | 5.检修项目调整申请表 |
| | | 6.《检修进度管理制度实施细则》执行情况检查/评价表 |
| | 检修质量管理制度实施细则 | 1.检修质量管控流程 |
| | | 2.设备备件监造管理流程 |
| | | 3.××机组检修不符合项通知处理单 |
| | | 4.国华沧电分系统（分段）验收报告 |

续表

| 子系统名称 | 制度名称 | 表单名称 |
|---|---|---|
| 检修管理子系统 | 检修质量管理制度实施细则 | 5. 国华沧电主设备（A、B、C）级检修总体验收试运行许可证 |
| | | 6. 检修文件包标准格式 |
| | | 7. 检修文件包编制使用导则 |
| | | 8.××机组××设备检修质量工艺卡格式 |
| | | 9. 监造大纲模板 |
| | | 10. 安全技术措施（检修类、运行类、试验类、改造类） |
| | | 11. 保护检验作业指导书模板 |
| | | 12.《检修质量管理制度实施细则》执行情况检查/评价表 |
| | ABC级修后系统准备及检查管理标准实施细则 | 1.《ABC级检修后系统准备及检查管理标准实施细则》流程图 |
| | | 2. 转动设备试运申请单 |
| | | 3. 转动设备试运条件确认单 |
| | | 4. 单体试运条件确认表 |
| | | 5. 转动设备试运过程记录单 |
| | | 6. 转动设备试运结果验收确认单 |
| | | 7. 机组分步试运、整套启动计划 |
| | | 8.《ABC级检修后系统准备及检查管理标准实施细则》执行情况检查/评价表 |
| | 锅炉防磨防爆管理标准实施细则 | 1. 防磨防爆执行流程图 |
| | | 2. 相关文件和记录清单 |
| | | 3. 锅炉防磨防爆质量验收卡 |
| | | 4. 锅炉防磨防爆检查工序卡 |

续表

| 子系统名称 | 制度名称 | 表单名称 |
|---|---|---|
| 检修管理子系统 | 锅炉防磨防爆管理标准实施细则 | 5. 锅炉焊接热处理工艺卡 |
| | | 6. 卧式布置受热面防磨防爆检查技术记录表 |
| | | 7. 立式布置受热面防磨防爆检查技术记录表 |
| | | 8. 防磨防爆缺陷处理原则及要求 |
| | | 9. 防磨防爆重点检查部位 |
| | 检修工艺规程管理标准实施细则 | 1. 设备检修工艺规程编制流程图 |
| | | 2. 设备检修工艺规程模板 |
| | | 3.《检修工艺规程管理标准实施细则》执行情况检查/评价表 |
| | 检修工器具管理标准实施细则 | 1. 检修工器具管理标准实施细则流程图 |
| | | 2. 检修工器具台账 |
| | | 3. 检修工器具不合格台账 |
| | | 4. 检修工器具报废台账 |
| | | 5. 新购置检修工器具检验表 |
| | | 6. 工器具领用登记表 |
| | | 7. 检修工器具定期检验表 |
| | | 8. 检修工器具定期检查表 |
| | | 9. 电动工器具定期检查试验记录表 |
| | | 10. 电动工器具定期检查表 |
| | | 11. 自制检修（安全）工器具申请表 |
| | | 12. 资产处置申请表 |
| | | 13. 检修工器具报废申请表 |
| | | 14. 电动工器具检验授权书（模板） |
| | | 15. 检修工器具编号原则 |

续表

| 子系统名称 | 制度名称 | 表单名称 |
|---|---|---|
| 检修管理子系统 | 检修工器具管理标准实施细则 | 16. 常用工器具安全使用要求 |
| | | 17. 检修工器具检验 / 检查标准 |
| | | 18. 吊装带使用管理规定 |
| | | 19.《检修工器具管理标准实施细则》执行情况检查 / 评价表 |
| | 设备管理信息系统应用标准实施细则 | 《设备管理信息系统应用标准实施细则》执行情况检查 / 评价表 |
| | 电力监控系统安全防护管理办法 | 1. 电力监控系统防护流程图 |
| | | 2.《电力监控系统安全防护自评估报告》 |
| | | 3.《电力监控系安全防护管理办法》执行情况检查 / 评价表 |
| | 计量工作管理办法 | 1. 计量工作管理流程图 |
| | | 2. 计量器具检定计划 |
| | | 3. 专业 A 类计量器具检定台账 |
| | | 4. 专业计量器具抽检记录 |
| | | 5. 封存记录表单 |
| | | 6. 标准执行情况检查评价表 |
| | 照明设施维护管理办法 | 1. 照明治理计划管理流程 |
| | | 2. 照明设备台账模板 |
| | | 3. 照明设施定期检查维护记录 |
| | | 4. 制度执行情况检查 / 评价表 |
| | 炉灰渣、石膏临时存储场地管理办 | 1. 临时储灰场每日检查记录表 |
| | | 2. 储灰场检查问题整改通知单 |
| | | 3. 临时储灰场规划区域平面示意图 |
| | | 4. 制度执行情况检查 / 评价表 |

| 子系统名称 | 制度名称 | 表单名称 |
|---|---|---|
| 不安全事件管理子系统 | 不安全事件报告与调查分析管理办法 | 1. 人身伤害类事件管理流程 |
| | | 2. 火险事件管理流程 |
| | | 3. 设备障碍类事件管理流程 |
| | | 4. 未遂事件管理流程 |
| | | 5. 异常事件管理流程 |
| | | 6. 法律法规事故等级划分标准 |
| | | 7. 人身伤害、火险类事件等级划分标准 |
| | | 8. 设备/环保不安全事件等级划分标准和判定原则 |
| | | 9. 设备二类障碍、异常等级划分标准 |
| | | 10. 生产安全事故快报（格式） |
| | | 11. 人身伤亡事故调查报告书（格式） |
| | | 12. 人身未遂事件调查分析报告书（格式） |
| | | 13. 火灾（情）事故调查分析报告书（格式） |
| | | 14. 设备事故调查报告书（格式） |
| | | 15. 设备异常调查报告书（格式） |
| | | 16. 未遂统计分析报告（格式） |
| | | 17. 人身伤害、职业健康事件闭环验收单（格式） |
| | | 18. 异常事件闭环验收单（格式） |
| | | 19.《不安全事件报告与调查分析管理办法》执行情况检查/评价表 |
| | 安全隐患管理制度实施细则 | 1. 安全隐患管控流程图 |

续表

| 子系统名称 | 制度名称 | 表单名称 |
|---|---|---|
| 不安全事件管理子系统 | 安全隐患管理制度实施细则 | 2. 国华沧电安全隐患风险评估报告 |
| | | 3. 大（较大）隐患档案目录 |
| | | 4. 安全隐患动态管控情况检查 / 评价表 |
| | | 5. 国华公司级重大隐患验收 |
| | | 6. 国华沧电较大及一般隐患验收表 |
| | | 7. 隐患治理总结 |
| | | 8. 国华沧电较大（一般）隐患延期申请 |
| | | 9. 重大隐患延期申请 |
| | | 10. 发电公司月度隐患统计 |
| | | 11. 神华国华电力月度隐患评价标准 |
| | | 12. 神华国华电力公司安全隐患月度报表（台账） |
| | | 13. 制度执行情况检查 / 评价表 |
| | 反"三违"管理办法 | 1. 反"三违"管理流程 |
| | | 2. 常见典型违章事例 |
| | | 3. 员工"三违"档案 |
| | | 4. 安健环监察周报模板 |
| | | 5. 月度反违章工作总结模板 |
| | | 6. 制度执行情况检查 / 评价表 |
| 应急管理子系统 | 应急管理制度实施细则 | 1. 应急物资管理流程图 |
| | | 2. 应急响应流程图 |
| | | 3. 国华沧电 ×× 年应急物资采购计划 |
| | | 4. 应急物资检查记录表 |

续表

| 子系统名称 | 制度名称 | 表单名称 |
|---|---|---|
| 应急管理子系统 | 应急管理制度实施细则 | 5. 应急物资台账 |
| | | 6. 应急物资消耗登记表 |
| | | 7. 应急物资借用登记表 |
| | | 8. 应急物资管理使用评价报告 |
| | | 9. 制度执行情况检查 / 评价表 |
| | 应急预案管理制度实施细则 | 1. 应急预案管理流程 |
| | | 2. 综合应急预案的主要内容 |
| | | 3. 专项应急预案的主要内容 |
| | | 4. 现场处置方案的主要内容 |
| | | 5. 专项应急预案体系目录 |
| | | 6. 典型现场处置方案目录 |
| | | 7. 国家发布的相关应急预案名录 |
| | | 8. 制度执行情况检查 / 评价表 |
| | 应急授权、培训及演练管理标准实施细则 | 1. 应急演练管理流程 |
| | | 2. 国华沧电 × × 年度应急响应培训计划 |
| | | 3. 国华沧电 × × 年度应急演练计划 |
| | | 4. 演练计划调整报告 |
| | | 5. 执行情况检查 / 评价表 |
| 环境保护管理子系统 | 环境保护管理制度实施细则 | 1. 环境保护管理制度实施细则流程图 |
| | | 2. 污染风险控制管理执行指南 |
| | | 3. 环境监测管理执行指南 |
| | | 4. 环境保护管理控制分类图 |
| | | 5. 环境保护指标计算说明 |

| 子系统名称 | 制度名称 | 表单名称 |
|---|---|---|
| 环境保护管理子系统 | 环境保护管理制度实施细则 | 6. ××年××月环境保护报表 |
| | | 7. 环境保护指标控制计划 |
| | | 8. 环境影响事件经过报告格式 |
| | | 9. 脱硫、脱硝设施启停报告格式 |
| | | 10.《环境保护管理制度实施细则》执行情况检查/评价表 |
| | 废物的处理与处置管理制度实施细则 | 1.危险废物处置转移程序流程图 |
| | | 2.废物管理执行指南 |
| | | 3.废物厂内交接转移单 |
| | | 4.转移申报材料清单 |
| | | 5.承诺书 |
| | | 6.法人授权委托书 |
| | | 7.《废物的处理与处置管理制度实施细则》执行情况检查/评价表 |
| | 环境保护责任制管理办法 | 1.环境保护责任制度管理办法流程图 |
| | | 2.《安全生产责任制管理办法》执行情况检查/评价表 |
| | 环保设施运行管理办法 | 1.环保设施运行管理办法流程图 |
| | | 2.环保设施运行排放监督标准 |
| | | 3.环保设施运行管理办法检查评价表 |
| 生产物料管理子系统 | 物料需用计划管理制度实施细则 | 1.物料需求计划管理流程 |
| | | 2.沧东公司急需、特殊物资采购申请单 |
| | | 3.××年度需求计划表 |
| | | 4.××年××季度需求计划表 |

| 子系统名称 | 制度名称 | 表单名称 |
|---|---|---|
| 生产物料管理子系统 | 物料需用计划管理制度实施细则 | 5. ×× 年 ×× 月度需求计划表 |
| | | 6. 物料需求计划变更审批单 |
| | | 7. 物料需求计划管理制度实施细则检查 / 评价表 |
| | 物料仓储管理标准实施细则 | 1. 物料仓储管理流程图 |
| | | 2. 到货物资接收表 |
| | | 3. 到货物资验收单 |
| | | 4. 不合格物资记录表 |
| | | 5. 一般备品备件保管、保养标准 |
| | | 6. 物资保养记录表 |
| | | 7. 紧急物资领用单 |
| | | 8. 项目物料发放记录 |
| | | 9. 物料退库申请表 |
| | | 10. 物资盘点表 |
| | | 11. 库房检查表 |
| | | 12. 细则执行情况检查 / 评价表 |
| | 生产大额备品备件管理办法 | 1. 大额备品备件使用审批单审批流程图 |
| | | 2. 大额备品备件使用审批单 |
| | | 3. 大额备品备件使用审批单后评价报告 |
| | | 4. 大额备品备件后评价报告审批流程图 |
| | | 5. 大额备品备件使用申请登记表 |
| | | 6. 制度执行情况检查 / 评价表 |
| | 物料储备定额管理标准实施细则 | 1. 储备定额管理流程 |

续表

| 子系统名称 | 制度名称 | 表单名称 |
|---|---|---|
| 生产物料管理子系统 | 物料储备定额管理标准实施细则 | 2. 国华沧电储备定额清册模板 |
| | | 3. 联储物料台账 |
| | | 4. 备件定额储备计划申请单 |
| | | 5. 物料储备定额管理标准实施细则执行情况检查 / 评价表 |
| | 物料调剂管理制度实施细则 | 1. 可调剂库建立、维护流程 |
| | | 2. 物料调剂流程 |
| | | 3. 可调剂物料台账 |
| | | 4. 可调剂物料变更申请 |
| | | 5. 库存备件调剂审批单 |
| | | 6. 物料调剂记录 |
| | | 7. 物料调剂管理制度实施细则执行情况检查 / 评价表 |
| | 废旧物料管理标准实施细则 | 1. 废旧物料管理流程图 |
| | | 2. 废旧物料专业鉴定单 |
| | | 3. 废旧物料报废审批单 |
| | | 4. 报废物料台账 |
| | | 5. 废旧物料处置清单 |
| | | 6. 废旧物料处置审批表 |
| | | 7. 报废处置交易结果审批单 |
| | | 8. 废旧物料修旧利废申请单 |
| | | 9. 单台设备修旧利废节约金额 300 万元以上项目立项申请表 |
| | | 10. 修旧利废项目可行性研究报告 |

续表

| 子系统名称 | 制度名称 | 表单名称 |
|---|---|---|
| 生产物料管理子系统 | 废旧物料管理标准实施细则 | 11. 修旧利废物料鉴定单 |
| | | 12. 修旧利废物料验收单 |
| | | 13. 修旧利废物料入库单 |
| | | 14. 修旧利废物料台账 |
| | | 15. 修旧利废物料出库单 |
| | | 16. 修旧利废物资鉴定报告 |
| | | 17. 年度修旧利废台账 |
| | | 18. 废旧物料管理标准实施细则制度执行情况检查 / 评价表 |
| 燃料管理子系统 | 燃煤计划管理制度实施细则 | 1. 沧东发电公司××××年发电燃煤需求计划表一 |
| | | 2. 沧东发电公司××××年发电燃煤需求计划表二 |
| | | 3. 沧东发电公司××××年××月进煤计划表 |
| | | 4. 沧东发电公司××××年××月×旬进煤计划表 |
| | | 5.《燃煤计划管理制度实施细则》执行情况检查评价 |
| | 燃油采购管理制度实施细则 | 1. 燃油采购管理流程 |
| | | 2. 发电燃油需求计划表 |
| | | 3. 燃油采购计划表 |
| | | 4.《燃油采购管理标准实施细则》执行情况检查评价 |
| | 燃煤调运接卸管理制度实施细则 | 1. 国华沧电来煤接卸记录表 |
| | | 2.《燃煤调运管理制度实施细则》执行情况检查 / 评价表 |

续表

| 子系统名称 | 制度名称 | 表单名称 |
|---|---|---|
| 燃料管理子系统 | 燃料计量管理标准实施细则 | 1. 入炉煤的计量流程 |
| | | 2. 国华沧电皮带秤校验报告 |
| | | 3.《燃料计量管理标准实施细则》执行情况检查 / 评价表 |
| | 燃料质量检测管理标准实施细则 | 1. 入厂、入炉煤采、制、化管理流程 |
| | | 2.《煤样的制备方法》的有关规定 |
| | | 3.《燃油化验》记录 |
| | | 4. 存弃样记录 |
| | | 5. 采样记录 |
| | | 6.《燃料质量检测管理标准实施细则》执行情况检查评价表 |
| | 燃料供应信息报告制度实施细则 | 1. 燃料供应信息报告流程 |
| | | 2. 国华电力燃料供应第一类事件信息报告（格式） |
| | | 3.《燃料供应信息报告制度实施细则》执行情况检查评价 |
| | 煤场管理标准实施细则 | 1. 煤场延长存储期限审批程序 |
| | | 2. 盘煤报告 |
| | | 3. 收耗存记录 |
| | | 4. 煤场测温记录 |
| | | 5. 推煤机日检 |
| | | 6.《煤场管理标准实施细则》执行情况检查 / 评价表 |
| | 燃煤结算管理标准实施细则 | 1. 生产用煤炭供应、耗用与结存月报 |
| | | 2. 生产用石油供应、耗用与结存月报 |

续表

| 子系统名称 | 制度名称 | 表单名称 |
|---|---|---|
| 燃料管理子系统 | 燃煤结算管理标准实施细则 | 3. 生产用煤炭供应、耗用与结存汇总表 |
| | | 4. 进厂煤计量盈亏月报表 |
| | | 5. 进厂油计量盈亏月报表 |
| | | 6. 进厂煤发热量计价煤质验收情况月报表 |
| | | 7. 电煤价格情况表一 |
| | | 8. 电煤价格情况表二 |
| | | 9. 购进燃煤验收表 |
| | | 10. 燃煤结算单（直达） |
| | | 11. 国华沧电来煤接卸记录表 |
| | | 12. 燃煤收耗存表（EXCEL 表） |
| | | 13. 国华沧电生产经营合同付款通知单 |
| | | 14. 制度执行情况检查／评价表 |
| 危险物品管理子系统 | 危险化学品管理标准实施细则 | 1. 化学品管理标准实施细则流程图 |
| | | 2. 药品库收支台账表 |
| | | 3. 药品库检查记录表 |
| | | 4. 化学品储量告警规定 |
| | | 5. 化学品管理标准实施细则检查评价表 |
| | 化学危险品说明书及手册的管理标准实施细则 | 1. 化学危险品说明书及手册管理流程图 |
| | | 2. 化学品安全技术说明书更新申请表 |
| | | 3. 危险化学品注销通知表 |
| | | 4. 化学危险品说明书及手册管理检查／评价表 |
| | 危险品的标识管理标准实施细则 | 1. 危化品的标识管理流程图 |
| | | 2. 化学品库检查记录 |

| 子系统名称 | 制度名称 | 表单名称 |
|---|---|---|
| 危险物品管理子系统 | 危险品的标识管理标准实施细则 | 3. 危险品的标识管理标准检查 / 评价表 |
| | 化学危险、危害管理和通报制度实施细则 | 1. 化学危险、危害的通报管理流程图 |
| | | 2. 危险化学品培训记录 |
| | | 3. 危险化学品控制——执行指南 |
| | | 4. 化学危险、危害的通报制度检查评价表 |
| | 易燃气、液体的防爆管理标准实施细则 | 1. 易燃气（液）体的防爆管理流程图 |
| | | 2. 含碳氢化合物空气可燃界限表 |
| | | 3. 易燃气体临界值表 |
| | | 4. 清洗用氧气临界值表 |
| | | 5. 易燃品、化学品和爆炸物的贮存——执行指南 |
| | | 6. 易燃气、液体的防爆管理检查评价表 |
| | 重点区域管理办法 | 1. 氢站管理流程图 |
| | | 2. 氨区管理流程图 |
| | | 3. 油区管理流程图 |
| | | 4. 氢气的危险特性 |
| | | 5. 重点区域出入登记表 |
| | | 6. 重点区域巡检记录表 |
| | | 7. 制度执行情况检查 / 评价表 |

# APPENDIX

附录

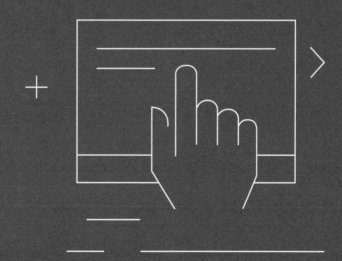

附录A 量化风险评估方法

为了实现发电企业作业风险和设备风险的量化评估,通过对作业条件危险性评价法(也称为格雷厄姆—金尼法,简称 LEC 法)进行了改良,建立了同时适用于作业风险评估和设备风险评估的量化评估方法——SEP 法。

（1）SEP 法利用下面的公式进行风险值计算

$$R = S \times E \times P \qquad\qquad (A-1)$$

式中　$R$——风险（Risk）值；

　　　$S$——后果（Severity）的分值；

　　　$E$——暴露（Exposure）的分值；

　　　$P$——可能性（Probability）的分值。

在 SEP 法中,后果是指在危害导致的各种损害性后果中发生可能性最大的一种后果,后果的分值计算方法如表 A-1 所示。

表 A-1　　　　　　　　风险评估后果分值

| 序号 | | 后果 | 分值 |
|---|---|---|---|
| 1 | 安全 | （1）可能造成死亡 ≥ 3 人；或重伤 ≥ 10 人；<br>（2）可能造成设备或财产损失 ≥ 1000 万元 | 100 |
| | 健康 | （1）可能造成 3 ~ 9 例无法复原的严重职业病；<br>（2）可能造成 9 例以上很难治愈的职业病 | |
| 2 | 安全 | （1）可能造成 1 ~ 2 人死亡；或重伤 3 ~ 9 人。<br>（2）可能造成设备或财产损失在 100 万元到 1000 万元之间 | 50 |
| | 健康 | （1）可能造成 1 ~ 2 例无法复原的严重职业病；<br>（2）可能造成 3 ~ 9 例以上很难治愈的职业病 | |

| 序号 | | 后果 | 分值 |
|---|---|---|---|
| 3 | 安全 | （1）可能造成重伤 1～2 人；<br>（2）可能造成设备或财产损失在 10 万元到 100 万元之间 | 25 |
| | 健康 | （1）可能造成 1～2 例难治愈或造成 3～9 例可治愈的职业病；<br>（2）可能造成 9 例以上与职业有关的疾病 | |
| 4 | 安全 | （1）可能造成轻伤 3 人以上；<br>（2）可能造成设备或财产损失在 1 万元到 10 万元之间 | 15 |
| | 健康 | （1）可能造成 1～2 例可治愈的职业病；<br>（2）可能造成 3～9 例与职业有关的疾病 | |
| 5 | 安全 | （1）可能造成轻伤 1～2 人；<br>（2）可能造成设备或财产损失在 1000 元到 1 万元之间 | 5 |
| | 健康 | （1）可能造成 1～2 例与职业有关的疾病；<br>（2）可能造成 3～9 例有影响健康的事件 | |
| 6 | 安全 | （1）可能造成人员轻微的伤害（小的割伤、擦伤、撞伤）；<br>（2）可能造成设备或财产损失在 1000 元以下 | 1 |
| | 健康 | 可能造成 1～2 例有健康影响的事件 | |

（2）在 SEP 法中，暴露是指危害在出现 / 发生后与其作用对象发生接触的频率，暴露的分值计算方法如表 A-2 所示。

表 A-2 　　　　　　　　　　风险评估暴露分值

| 序号 | 暴露 | | 分值 |
|---|---|---|---|
| | 安全 | 职业健康 | |
| 1 | 持续（每天许多次） | 暴露期大于 2 倍的法定极限值 | 10 |
| 2 | 经常（大概每天一次） | 暴露期介于 1～2 倍法定极限值之间 | 6 |
| 3 | 有时（从每周一次到每月一次） | 暴露期在法定极限值内 | 3 |

续表

| 序号 | 暴露 | | 分值 |
| --- | --- | --- | --- |
| | 安全 | 职业健康 | |
| 4 | 偶尔（从每月一次到每年一次） | 暴露期在正常允许水平和法定极限值之间 | 2 |
| 5 | 很少（据说曾经发生过） | 暴露期在正常允许水平内 | 1 |
| 6 | 特别少（没发生过，但有发生的可能性） | 暴露期低于正常允许水平 | 0.5 |

（3）在 SEP 法中，可能性是指暴露发生后导致后果发生的概率（可能），可能性的分值计算方法如表 A-3 所示。

表 A-3　　　　　　　　　风险评估可能性分值

| 序号 | 可能性 | | 分值 |
| --- | --- | --- | --- |
| | 安全 | 职业健康 | |
| 1 | 如果危害事件发生，即产生最可能和预期的结果（100%） | 频繁：平均每 6 个月发生一次 | 10 |
| 2 | 十分可能（50%） | 持续：平均每 1 年发生一次 | 6 |
| 3 | 可能（25%） | 经常：平均每 1～2 年发生一次 | 3 |
| 4 | 很少的可能性，据说曾经发生过 | 偶然：3～9 年发生一次 | 1 |
| 5 | 相当少但确有可能，多年没有发生过 | 很难：10～20 年发生一次 | 0.5 |
| 6 | 百万分之一的可能性，尽管暴露了许多年，但从来没有发生过 | 罕见：几乎从未发生过 | 0.1 |

附录 B　动火工作票管理制度和相关表单

**神华河北国华沧东发电有限责任公司**
SHENHUA HEBEI GUOHUA CANGDONG POWER GENERATION CO., LTD.

公司规章制度

编号：GHCD-AQ-13-A-16-2017

# 动火工作票管理标准实施细则

河北国华沧东发电有限责任公司　发布

## 细则控制表

| 版本编号 | 签发日期 | 编写人 | 初审人 | 复审人 | 批准人 | 有否修订 |
|---|---|---|---|---|---|---|
| 01 | 2013.05 | | | | | |
| 02 | 2014.08 | | | | | |
| 03 | 2015.11 | | | | | |
| 04 | 2015.12 | | | | | |
| 05 | 2016.03 | | | | | |
| 06 | 2017.08 | | | | | |

06 版修订内容：

第十一条　各级动火工作票使用范围

（一）填用一级动火工作票的范围（但不仅限于此区域）：

增加：湿式除尘器防腐烟道

第十六条　动火工作票的审批

（四）动火作业前，动火工作负责人联系动火工作票签发人、申请部门安全专工、安健环监察部安全管理人员、生产技术部相应专业主管和公司领导等各级动火工作票签批人员到动火作业现场签批动工火票。

第十八条　其他安全措施补充：

（七）输煤系统动火作业结束后应派人现场监守 1h，确认无异常并经运行人员验收后方可结束相关工作。

（八）脱硫吸收塔、烟道、箱罐内部防腐施工符合下列安全要求：

1.施工区域必须采取严密的全封闭式隔离措施，设置 1 个出入口，在隔离防护墙上四周悬挂"防腐施工、严禁烟火"等明显的警告标示牌。

2.施工区域必须制定出入制度，所有人员凭证出入，交出火种，关闭随身携带的无线电通信设施，不准穿钉有铁掌的鞋和容易产生静电火花的化纤服装。

3.施工区域 10m 范围内及其上下空间内严禁出现明显火花。

4.玻璃钢管件胶合黏结采用加热保温方法促进固化时，严禁使用明火。

5.施工区域控制可燃物，不得敷设竹跳板，吸收塔及衬胶防腐箱罐施工不得敷设竹跳板和木跳板。严禁物料堆积，作业用的胶水和胶板，即来即用，人离物尽。

6.防腐作业及保养期间，严禁在其相通的吸收塔、烟道、管道，以及开启的人孔、通风孔附近进行动火作业。同时做好防止火种从这些部位进入防腐区域的隔离措施。

7.作业全程设专职监护人，发现火情，立即灭火并停止作业。

续表

| |
|---|
| 8. 吸收塔、烟道内照明必须采用 12V 防爆灯，灯具距离内部防腐涂层及除雾器 1.0m 以上。<br>9. 脱硫系统动火作业只能单点作业，严禁多个动火点同时开工。<br>10. 脱硫系统大范围动火作业。吸收塔底部必须做好防护措施或在底部注入一定高度的水。小范围动火作业可在动火区域影响下部、底部做好防护措施。 |

| 本细则负责人 | 本细则执行人 |
|---|---|
| 岗位：生产技术部经理 | 岗位：生产技术部消防主管 |
| 签字： | 签字： |

# 动火工作票管理标准实施细则

## 第一章　总则

第一条　为了加强生产现场动火作业的安全管理，防止发生人为火灾事故，确保生产场所内的人身和设备安全，特制定本细则。

本细则引用文件：

1.《中华人民共和国安全生产法》（中华人民共和国主席令第 13 号）

2.《中华人民共和国消防法》（中华人民共和国主席令第 6 号）自 2009年 5 月 1 日起实施

3.《电力设备典型消防规程》（DL 5027—2015）

4.《防止电力生产事故的二十五项重点要求》（国能安全〔2014〕161 号）

5.《仓库防火安全管理规则》中华人民共和国公安部令第 6 号 1990 年4 月 10 日起实施

6.《国华电力公司消防安全管理规定（试行）》

7.《国华电力公司生产区消防设备设施配置标准（试行）》

第二条　本细则对国华沧电动火工作管理进行规范，确保动火工作正常开展。

第三条　关键名词术语解释

（一）动火作业：能直接或间接产生明火的作业，包括熔化焊接、压力焊、钎焊、切割、喷枪、喷灯、钻孔、打磨、锤击、破碎和切削等作业。

（二）危险场所：指乙炔发生站、制氢站、氮氧站、储煤场、机组的油系统及油箱、油站、制粉系统等。

（三）禁火区域：防火重点部位即为禁火区。

（四）防火重点部位：指火灾危险性大、发生火灾损失大、伤亡大、影响大的部位和场所。

第四条　本细则适用于国华沧电动火工作的管理，公司各部门及承包商单位在国华沧电区域内动火工作按此细则严格执行。

## 第二章　组织与职责

第五条　本细则负责人由生产技术部经理担任，其职责：

（一）负责全面管理本细则，监查执行本细则的有效性；

（二）负责确定重点防火部位或禁火场所；

（三）负责明确重点防火部位或禁火场所消防责任人及职责；

（四）负责监督检查有关消防责任人履行职责、执行本细则的情况，及时向公司消防负责人汇报。

第六条　本细则执行人由生产技术部消防主管担任，其职责：

（一）负责组织实施本细则并检查执行情况；

（二）负责监督、检查和评价各部门执行动火许可管理的情况，发现问题及时提出改进建议，对存在的问题及时向细则负责人反馈；

（三）负责提出实施和完善本细则的建议和报告。

第七条　安全生产主管领导的职责：

（一）负责监督检查本细则的执行有效性；

（二）负责批准一级动火工作票。

第八条　生产技术部职责：

（一）按照《电力设备典型消防规程》和上级公司文件要求及时修订

本细则；

（二）对本细则实施情况进行监督检查并收集反馈意见；

（三）负责审核一级和二级动火票；

（四）负责对动火工作进行现场监督检查。

第九条　安健环监察部职责：

（一）对本细则实施情况进行监督检查；

（二）负责审核一级和二级动火票；

（三）负责对动火工作进行现场安全监察。

第十条　维护部职责：

（一）负责审核动火工作的必要性；

（二）负责审核工作负责人和动火执行人的资质是否符合要求；

（三）负责审核动火工作票的安全措施是否完善；

（四）负责动火安全措施有效执行。

第十一条　运行部职责：

（一）审核动火工作票的安全措施是否全面；

（二）负责检查动火工作安全措施的有效执行。

## 第三章　执行程序及管理要求

第十二条　凡在禁火区域动火必须履行动火工作票程序。

第十三条　重点防火部位或禁火区域的确定

依据《电力设备典型消防规程》和《电业安全工作规程》的有关标准，下列区域为重点防火部位或禁火区域：

（一）油区（包括储油罐区、临时储罐区、卸油区、各类油泵房内）；

（二）储氢罐区、储氨区、乙炔及氧气储存区、石油液化气站、煤气站、储存易燃易爆物品及化学危险品库房等围墙内及室内；

（三）氢、氨、乙炔、煤气等管道设备系统，氢冷发电机等设备；

（四）各类油管道系统、氨、酸管道系统（设备、管道、阀门、法兰）；

（五）蓄电池室、柴油发电机房、通信机房、集控室、单元控制室、计算机机房、档案（资料）室、变压器、汽轮发电机、汽车库、电缆沟道、电缆竖井及夹层内等；

（六）锅炉制、给粉设备及系统，输煤系统的设备（包括储煤、输煤）间等部位；

（七）脱硫、脱硝设备及系统。

第十四条　动火工作票使用范围

（一）一级动火工作票的范围（但不仅限于此区域）：

1. 储氢区、储氨罐区、液氨输送管道、设备和所设围墙及室内；

2. 储油、供油、卸油、油处理设备及其设置的堤堰，围墙和房屋内；

3. 距易燃易爆及可燃气体(包括压缩空气、氢、煤气、乙炔等)系统的设备、管道、阀门、法兰、氢冷发电机等部位2m及以内区域、电缆夹层、竖井及隧道、柴油发电机房、柴油消防泵房、汽轮发电机主油系统、密封油系统、磨煤机润滑油系统等各类油系统的设备及管道及2m以内区域；

4. 各类油系统，氨、酸、碱系统设备，管道、阀门、法兰及系统连接的吹扫和伴热管路等；

5. 石油液化气瓶储存间、乙炔及氧气瓶储存间，储存易燃易爆物品库所设围墙及房屋内；

6. 脱硫系统吸收塔、原烟气烟道、净烟气烟道及脱硝系统、设备本体；

7. 锅炉制粉系统及设备；（磨煤机检修期间，在系统隔离后，磨辊已翻出吊离，且煤粉清理干净，检测可燃气体合格后可办理二级动火工作票）；

8. 变压器、电气设备、电缆、热工保护设备2m以内；

9. 生产现场存放易燃易爆物品的储存间内。

（二）一级动火区域为上述设备和建筑物2m以内范围。

（三）二级动火区域指一级动火区域以外的所有场所。

第十五条　动火工作票的有关规定

（一）动火工作前工作负责人必须进行火灾风险评估，将可能产生的火灾因素告知工作人员。视其工作内容及场所，必须按照下列原则从严掌握：

1. 有条件拆下的构件，如油管、阀门等应拆下来移至安全场所；

2. 可以采取不动火的方式代替而同样能够到达效果时，尽量采取代替的办法处理；

3. 尽可能地把动火时间和方位压缩到最低限度；

4. 动火工作需延期时必须重新履行动火工作票办理程序；

5. 动火工作票的审批人、消防监护人不得签发动火工作票。

（二）遇有下列情况之一时，严禁动火：

1. 油车停靠的区域；

2. 压力容器或管道未泄压前；

3. 存放易燃易爆物品的容器未清理干净前；

4. 风力到达五级以上的露天作业；

5. 遇有火险异常情况未查明原因和消除危险前；

6. 工作前测量可燃气体及可燃粉尘超过爆炸下限。

（三）动火工作票不得代替设备停用、恢复运行手续或检修工作票。

（四）动火工作票在间断或终结时应清理现场，检查和消除残留火种。

（五）一级动火工作票的有效期为24h（一天），二级动火工作票的有效期为120h（5天）必须在批准的有效期内进行动火工作，需要延期时应重新办理动火工作票。

（六）动火工作票应由具有动火工作票签发权的人员签发。动火工作票签发人不得兼任该工作的工作负责人。

（七）承包商在生产区域内动火时，应由国华沧电负责该项目人员按动火级别办理动火工作票审批手续并进行现场监护。

第十六条　动火工作票中所列人员的安全责任

（一）动火工作票签发人及各级审批人员安全责任：

1. 审核该项工作是否必要；

2. 工作是否安全；

3.动火工作票上所列防火安全措施是否正确和完备。

（二）工作负责人的责任：

1.正确、安全地组织动火工作；

2.负责实施检修应做的安全措施，并使其完善；

3.向工作班成员交代防火安全措施和进行安全教育；

4.始终监督现场动火工作；

5.负责动火工作间断或终结时检查并清理现场有无残留火种；

6.在密闭空间动火应保证良好的通风。

（三）消防监护人的安全责任：

1.负责配备动火现场所需的消防器材和设施；

2.负责测量动火现场可燃气体、可燃液体的蒸汽含量或粉尘浓度、氧气含量，不满足安全要求时，禁止动火；

3.始终监视动火现场的安全状态，一旦发生火险及时扑救；

4.动火间断或终结时检查现场有无残留火种。

（四）动火执行人的安全责任：

1.全面了解动火工作的任务和要求，并在规定的范围内执行动火；

2.详细检查所使用的动火工具，确保符合防火安全、技术要求及动火工作票安全措施的要求；

3.按动火工作负责人要求做好防火安全措施。

第十七条　动火工作票的填写标准

（一）填写动火工作票安全措施应正确、完善。

（二）填写动火地点及设备名称必须详细清楚（双重编号的必须都填写），动火工作内容必须写明动火设备所处的详细位置（双重编号、楼层、标高、动火点与禁火区域的距离）。动火作业示意图应准确清楚，在图上标明动火点。

（三）"运行应采取的措施"填写内容：

1.运行人员进行设备停电、系统隔离、泄压、清扫（理）等；

2. 动火系统与设备交错时，要求运行人员变换运行方式或进行监护；

3. 如无运行应采取的措施，应填写"无"。

（四）"检修应采取的措施"填写内容：

1. 动火现场应配备灭火器的规格、种类和数量；

2. 对动火点附近的重要防火设备或系统应采取的防火措施；

3. 动火前对现场进行风险评估，并清理现场。

第十八条 动火工作监护

1. 一、二级动火工作在首次动火前，各级审批人员和动火作业签发人均应到现场检查防火、灭火措施正确、完备，需要检测可燃性、易爆气体含量或粉尘浓度的检测值应合格，将测量结果填写在《动火作业可燃指标测定记录》表内，并签字确认，确定无问题后方可动火作业。

2. 一级动火作业时，动火工作负责人、专职消防队人员应始终在现场监护。二级动火作业时，动火工作负责人、义务消防员应始终在现场监护。

3. 二级动火在次日动火前，必须重新检查防火安全措施并检测可燃气体、易燃液体的可燃蒸气含量或粉尘浓度，确定合格无问题后方可动火作业。

4. 一级动火工作的过程中每隔 2 小时测定一次可燃气体、易燃液体的可燃蒸气含量或粉尘浓度是否合格，当发现不合格或异常升高时应立即停止动火作业，在未查明原因或排除险情前不得重新动火。

5. 在氢冷发电机附近动火时，应设两台以上的测报仪进行现场监测。

第十九条 动火工作票的审批

（一）一级动火工作票由动火负责人所在部门负责人签发，由公司安全生产主管部门负责人、消防安全主管部门负责人审核，公司分管生产的领导或总工程师批准。许可前须经检测人员进行可燃气体检测，确定符合标准后经运行值班员、值长审核同意并签字许可。

（二）二级动火工作票由动火负责人所在部门专业主管及以上人员签发，由公司安全生产主管部门负责人、消防安全主管部门负责人审核，公司分管生产的领导或总工程师批准。许可前须经检测人员进行可燃气体检测，确定符合标准后经运行值班员、值长审核同意并签字许可。

（三）动火工作票审批人对安全措施负责，工作人员不得私自变动安全措施。

（四）动火作业前，动火工作负责人联系动火工作票签发人、申请部门安全专工、安健环监察部安全管理人员、生产技术部相应专业主管和公司分管生产领导到动火作业现场签批动火工作票。

（五）一、二级动火工作票签发人、工作负责人、工作许可人、现场监护人应经考试合格后经公司批准，由安健环监察部公布，同时在值长处备案。

第二十条　动火工作票的收执与存档

（一）一、二级动火工作票一式三份，一份由动火工作票负责人收执，动火作业期间，保存在作业现场；一份交动火许可人员收执；一份保存在公司消防队（一级动火票）。

（二）运行部、维护部每月将已结束动火工作票进行收集，纸质动火工作票分类，并按编号顺序装订成册，纸质动火工作票保存 12 个月以上。

第二十一条　重点区域防火要求

（一）在易燃易爆气体、液体系统上进行动火工作时，动火部位必须与系统的其他部位解列并采取隔离措施，加装堵板并对管道、容器进行彻底吹扫。工作地点的易燃物应清理干净。

（二）在设备上进行电焊作业时，应敷设专用地线接在需要焊接的同一部件上，接地线绝缘应完整，严禁用其他铁件搭接代替接地线。

（三）动火点应距动火用的乙炔瓶、氧气瓶 10m 以上，两瓶相距 5m 以上。

（四）储油罐内进行动火作业，必须将所有与油罐连接的管路断开，清理干净罐内油污，彻底煮罐（或吹扫）24h 以上，打开罐的所有人孔门和盖板加装风机进行强力通风 24h 以上，由专职人员测量罐内可燃气体含量符合安全数值并做试火，无问题后方可动火作业。

（五）罐内动火前可用小动物进行试验检查，时间不小于 8h，当确认无危害时，工作人员方可进罐工作。

（六）在燃油系统需要加强通风的部位进行动火作业期间，通风机不能停止运行。

（七）输煤系统动火作业结束后应派人现场监守 1h，确认无异常并经运行人员验收后方可结束相关工作。

（八）脱硫吸收塔、烟道、箱罐内部防腐施工符合下列安全要求：

1. 施工区域必须采取严密的全封闭式隔离措施，设置 1 个出入口，在隔离防护墙上四周悬挂"防腐施工、严禁烟火"等明显的警告标示牌。

2. 施工区域必须制定出入制度，所有人员凭证出入，交出火种，关闭随身携带的无线电通信设施，不准穿钉有铁掌的鞋和容易产生静电火花的化纤服装。

3. 施工区域 10m 范围内及其上下空间内严禁出现明显火花。

4. 玻璃钢管件胶合黏结采用加热保温方法促进固化时，严禁使用明火。

5. 施工区域控制可燃物，不得敷设竹跳板，吸收塔及衬胶防腐箱罐施工不得敷设竹跳板和木跳板。严禁物料堆积，作业用的胶水和胶板，即来即用，人离物尽。

6. 防腐作业及保养期间，严禁在其相同的吸收塔、烟道、管道，以及开启的人孔、通风孔附近进行动火作业。同时做好防止火种从这些部位进入防腐区域的隔离措施。

7. 作业全程设专职监护人，发现火情，立即灭火并停止作业。

8. 吸收塔、烟道内照明必须采用 12V 防爆灯，灯具距离内部防腐涂层及除雾器 1.0m 以上。

9. 脱硫系统动火作业只能单点作业，严禁多个动火点同时开工。

10. 脱硫系统大范围动火作业。吸收塔底部必须做好防护措施或在底部注入一定高度的水。小范围动火作业可在动火区域影响下部、底部做好防护措施。

第二十二条　动火工作票统计

（一）动火工作票的统计方法：

动火工作票合格率 =（已经结束的合格的动火工作票 / 已经结束的动火工作票总数）× 100%

（二）动火工作票出现下列情况之一者，为不合格动火工作票：

1. 无编号或错号、重号；

2. 工作地点、设备名称特别是设备双重编号填写不全或涂改的；

3. 应填写的项目未填写或填写不正确、不清楚；

4. 未按规定签名或代签、漏签；

5. 应采取的安全措施不完全、不准确或要求采取的安全措施与设备状况不符；

6. 字迹不清，难以辨认者；

7. 使用超期的动火工作票；

8. 动火工作票签发人、动火工作票负责人、动火工作票许可人、动火工作票执行人不符合规定者；

9. 应办理一级动火工作票的工作，却办理二级动火工作票；

10. 动火工作票丢失、损坏或未随身携带；

11. 已经执行的动火工作票终结后，未盖"已执行"章；

12. 用其他工作票代替动火工作票；

13. 未按规定办理终结手续或工作结束后未进行现场残留火种检查者；

14. 执行中发生异常、事故和未遂等不安全现象。

## 第四章　检查、评价与反馈

第二十三条　细则负责人组织对本细则每年进行一次检查与评价（附件5）。对检查和评价的结果进行审批后下发至各部门，并结合反馈信息对本细则进行不断完善。

第二十四条　细则执行人收集执行过程中产生的各类信息及时上报至本细则负责人。

第二十五条　本细则经过修订后，细则执行人必须确保向所有文件持有人提供最新的修订版本。

## 第五章　附则

第二十六条　本细则由国华沧电生产技术部负责解释。

第二十七条　本细则自发布之日起施行，原制度《动火工作票管理标准实施细则》（GHCD-AQ-06-A-27-2006）同时废止。

附件1.动火工作票管理流程图

附件2.一级动火工作票格式

附件3.二级动火工作票格式

附件4.可燃气体及可燃粉尘爆炸极限表

附件5.《动火工作票管理标准实施细则》执行情况检查／评价表

附件 1

动火工作票管理流程图

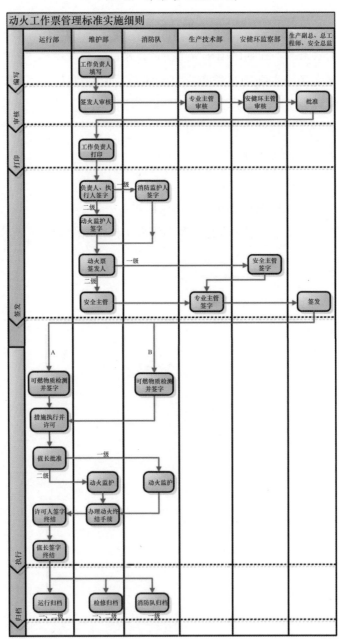

## 附件2

### 国华沧电一级动火工作票

一级动火工作票编号：

| 动火部门 | | 班组 | | | 动火工作负责人 | | |
|---|---|---|---|---|---|---|---|
| 动火地点及设备名称 | | | | | | | |
| 申请动火工作时间 | | 自　　年　　月　　日　　时　　分开始 | | | | | |
| | | 自　　年　　月　　日　　时　　分结束 | | | | | |
| 运行采取的安全措施 | | | | | | | |
| 检修采取的安全措施 | | | | | | | |
| 动火工作票审核 | | 动火工作票签发人签字 | | 消防保卫部门负责人签字 | | 安全生产主管部门负责人签字 | |
| | | | | | | | |
| 动火工作票批准 | | 公司主管领导签字 | | | | | |
| 1. 运行应采取的安全措施已做完，检修采取的安全措施已做完。 | | | | | | | |
| 2. 应配备的消防设施和采取的消防措施已符合要求。可燃性、易爆气体含量或粉尘浓度测定合格。 | | | | | | | |
| 允许动火时间 | | 自　　年　　月　　日　　时　　分结束 | | | | | |
| 动火工作负责人签字 | | 消防监护人签字 | | 动火执行人签字 | | 动火工作票签发人签字 | |
| | | | | | | | |
| 消防保卫部门负责人签字 | | 安全生产主管部门负责人签字 | | 公司主管领导签字 | | 运行许可人签字 | |
| | | | | | | | |
| 动火工作 | | 于　　年　　月　　日　　时　　分结束 | | | | | |
| 动火执行人签字 | | 消防监护人签字 | | 动火工作负责人签字 | | 运行许可人签字 | |
| | | | | | | | |
| 备注： | | | | | | | |
| 动火工作内容（附图） | | | | | | | |
| | | | | | | | |

动火作业可燃指标测定记录

| 测定次数 | 测定时间（年月日时分） | 测定指标 | | | 测定人 | 动火工作负责人 |
|---|---|---|---|---|---|---|
| | | 可燃物名称 | 标准值 | 测定值 | | |
| 动火前 | | | | | | |
| 第2次 | | | | | | |
| 第3次 | | | | | | |
| | | | | | | |
| | | | | | | |
| | | | | | | |
| | | | | | | |
| | | | | | | |

附件3

## 国华沧电二级动火工作票

二级动火工作票编号：

| 动火部门 | | 班组 | | | 动火工作负责人 | |
|---|---|---|---|---|---|---|
| 动火地点及设备名称 | | | | | | |
| 申请动火工作时间 | | 自　　年　　月　　日　　时　　分结束 | | | | |
| | | 自　　年　　月　　日　　时　　分结束 | | | | |
| 运行采取的安全措施 | | | | | | |
| 检修采取的安全措施 | | | | | | |
| 动火工作票审核 | | 动火工作票签发人签字 | 消防保卫部门负责人签字 | | 安全生产主管部门负责人签字 | |
| | | | | | | |
| 动火工作票批准 | | 公司领导签字 | | | | |
| 1. 运行应采取的安全措施已做完，检修采取的安全措施已做完。 | | | | | | |
| 2. 应配备的消防设施和采取的消防措施已符合要求。可燃性、易爆气体含量或粉尘浓度测定合格。 | | | | | | |
| 允许动火时间 | | 自　　年　　月　　日　　时　　分结束 | | | | |
| 动火工作负责人签字 | | 消防监护人签字 | 动火执行人签字 | | 动火工作票签发人 | |
| | | | | | | |
| 消防保卫部门负责人签字 | | 申请动火部门安全专工签字 | 公司领导签字 | | 运行许可人签字 | |
| | | | | | | |
| 动火工作 | | 于　　　年　　月　　日　　时　　分结束 | | | | |
| 动火执行人签字 | | 消防监护人签字 | 动火工作负责人签字 | | 运行许可人签字 | |
| 备注： | | | | | | |

| 动火工作内容（附图） |
|---|
| |

## 动火作业可燃指标测定记录

| 测定次数 | 测定时间（年月日时分） | 测定指标 | | | 测定人 | 动火工作负责人 |
|---|---|---|---|---|---|---|
| | | 可燃物名称 | 标准值 | 测定值 | | |
| 动火前 | | | | | | |
| 第2次 | | | | | | |
| 第3次 | | | | | | |
| | | | | | | |
| | | | | | | |
| | | | | | | |
| | | | | | | |
| | | | | | | |

附件 4

## 可燃气体及可燃粉尘爆炸极限表

| 气体、蒸汽及可燃粉尘名称 | 爆炸下限（VOL%） | 发火温度（℃） | 备注 |
|---|---|---|---|
| 氢气（$H_2$） | 4.0（VOL%） | 560 | |
| 甲烷（$CH_4$） | 5.0（VOL%） | 537 | |
| 乙烷（$C_2H_6$） | 3.0（VOL%） | 515 | |
| 乙炔（$C_6H_{10}$） | 1.5（VOL%） | 305 | |
| 乙醇 | 3.3（VOL%） | 425 | |
| 煤油 | 0.7（VOL%） | 210 | |
| 硫化氢（$H_2S$） | 4.3（VOL%） | | |
| 一氧化碳（CO） | 12.5（VOL%） | 605 | |
| 氨气（$NH_3$） | 16（VOL%） | | |
| 煤粉 | 35g/m³ | | |

附件 5

## 《动火工作票管理标准实施细则》执行情况检查／评价表

检查组成员： 年 月 日

| 序号 | 评价内容 | 评价 |
|---|---|---|
| 1 | 相关人员是否了解本制度？ | |
| 2 | 是否落实责任部门？ | |
| 3 | 是否落实责任人？ | |
| 4 | 是否建立并及时更新本单位适用的目录？ | |
| 存在问题及改进建议 | 存在问题：<br>1.<br>2.<br>3.<br>改进建议：<br>1.<br>2.<br>3. | |
| 评价意见： | | |
| | 评价人： | 日期： |
| 审核意见： | | |
| | 审核人： | 日期： |

附录 C　思维导图

神华国华沧电

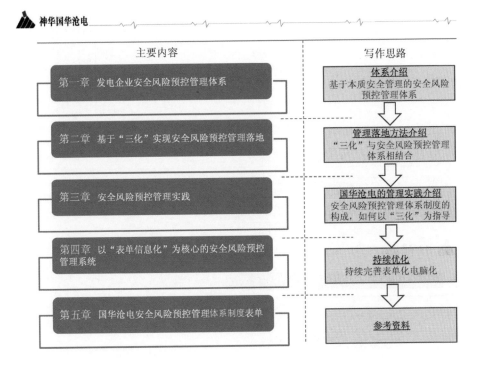

|  主要内容 | 写作思路 |
| --- | --- |

第一章　发电企业安全风险预控管理体系

**体系介绍**
基于本质安全管理的安全风险预控管理体系

第二章　基于"三化"实现安全风险预控管理落地

**管理落地方法介绍**
"三化"与安全风险预控管理体系相结合

第三章　安全风险预控管理实践

**国华沧电的管理实践介绍**
安全风险预控管理体系制度的构成，如何以"三化"为指导

第四章　以"表单信息化"为核心的安全风险预控管理系统

**持续优化**
持续完善表单化电脑化

第五章　国华沧电安全风险预控管理体系制度表单

**参考资料**

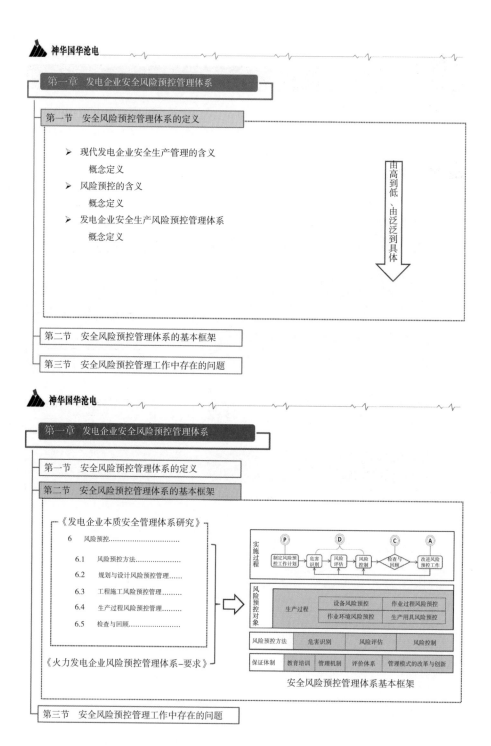

**神华国华沧电**

第一章　发电企业安全风险预控管理体系

第一节　安全风险预控管理体系的定义

- ➤ 现代发电企业安全生产管理的含义
  概念定义
- ➤ 风险预控的含义
  概念定义
- ➤ 发电企业安全生产风险预控管理体系
  概念定义

由高到低、由泛泛到具体

第二节　安全风险预控管理体系的基本框架

第三节　安全风险预控管理工作中存在的问题

**神华国华沧电**

第一章　发电企业安全风险预控管理体系

第一节　安全风险预控管理体系的定义

第二节　安全风险预控管理体系的基本框架

《发电企业本质安全管理体系研究》

6　风险预控..............................
6.1　风险预控方法..........................
6.2　规划与设计风险预控管理......
6.3　工程施工风险预控管理........
6.4　生产过程风险预控管理......
6.5　检查与回顾..............................

《火力发电企业风险预控管理体系–要求》

实施过程：P 制定风险预控工作计划 → 危害识别 → 风险评估 → 风险控制 → D → C 检查与回顾 → A 改进风险预控工作

风险预控对象：生产过程　设备风险预控　作业过程风险预控　作业环境风险预控　生产用具风险预控

风险预控方法：危害识别　风险评估　风险控制

保证体制：教育培训　管理机制　评价体系　管理模式的改革与创新

安全风险预控管理体系基本框架

第三节　安全风险预控管理工作中存在的问题

神华国华沧电

第一章　发电企业安全风险预控管理体系

第一节　安全风险预控管理体系的定义

第二节　安全风险预控管理体系的基本框架

　　一、风险预控方法
　　　　1.　危害识别方法
　　　　2.　风险评估方法
　　　　3.　风险控制方法
　　二、风险预控对象
　　　　1.　作业过程风险预控
　　　　2.　设备风险预控
　　　　3.　生产用具风险预控
　　　　4.　作业环境风险预控
　　三、风险预控实施过程
　　　　PDCA循环管理
　　四、风险预控保证机制
　　　　1.　教育培训
　　　　2.　建立安全生产管理机制
　　　　3.　建立安全性评价体系

> 按照"安全风险预控管理体系基本框架"组织内容，内容主要来自《发电企业本质安全管理体系研究》中"风险预控"相关的说明。

第三节　安全风险预控管理工作中存在的问题

 神华国华沧电

第一章　发电企业安全风险预控管理体系

第一节　安全风险预控管理体系的定义

第二节　安全风险预控管理体系的基本框架

第三节　安全风险预控管理工作中存在的问题

安全风险预测管理制度建设和管理的问题
多，繁、雷同，矛盾，关系复杂。
需要建立合理的制度体系及规范的制度文本。

制度执行的问题
执行者要么望而生畏，不堪重负，敬而远之，要么我行我素，产生懈怠。
制度的执行标准和检查标准需要完善。

引出"基于'三化'的创新管理实践"，衔接下一章。

神华国华沧电

第二章　基于"三化"实现安全风险预控管理落地

第一节　"三化"管理的基本思想

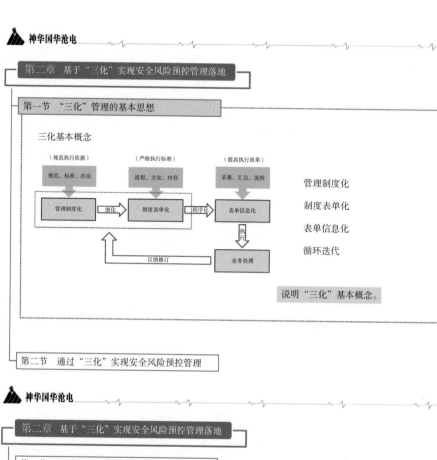

三化基本概念

（规范执行依据）　　　　（严格执行标准）　　　　（提高执行效果）

规范、标准、办法　　　　流程、方法、内容　　　　采集、汇总、流转

管理制度化　—细化—　制度表单化　—程序化—　表单信息化

反馈修订　　　　业务处理

执行

管理制度化

制度表单化

表单信息化

循环迭代

说明"三化"基本概念。

第二节　通过"三化"实现安全风险预控管理

---

神华国华沧电

第二章　基于"三化"实现安全风险预控管理落地

第一节　"三化"管理的基本思想

第二节　通过"三化"实现安全风险预控管理

一、管理制度化是实现安全风险预控管理的基石
1. 实现规范化和标准化管理
2. 利于提高工作效率
3. 减少决策失误
4. 促进企业文化建设
5. 制定管理制度时的注意事项
二、制度表单化是实现安全风险预控管理的重要手段
1. 制度执行过程中存在的问题
2. 制度表单化是安全风险预控管理制度落地的有效途径
3. 制定表单时的注意事项
三、表单信息化是落实安全风险预控管理工作的重要保障
1. 完善信息管理
2. 保证作业品质
3. 提高执行效率
4. 完善管理体系
5. 表单信息化实施的注意事项
四、完善迭代化，使安全风险预控管理具有生命力

说明"三化"管理方法在落实安全风险预控管理制度工作中的充分必要性。

神华国华沧电

第三章　安全风险预控管理实践

第一节　基于安全风险预控管理体系的管理制度化建设

一、神华国华沧电安全风险预控管理体系制度的构成和定义结合安全风险预控管理体系的基本框架，神华国华沧电制定了配套的安全风险预控管理体系制度，制度划分为22个子系统及153个管理办法和实施细则。
以结构图方式介绍：

结合将国华沧电的153个制度按第一章的安全风险预控体系基本框架进行分类。

说明制度制定规范

| | 制度内容 | 管理办法和实施细则的名称 |
|---|---|---|
| 制度名称 | | 管理办法和实施细则的名称 |
| 制度控制表 | | 记录该制度的版本编号、签发日期、编写人、初审人复审人、批准人、有否修订以及修订内容概要 |
| 制度本文 | 总则 | 指定制度的目的、参照引用的法律发挥以及行业企业的标准、试用的范围以及相关名词解释。 |
| | 组织与职责 | 制度负责人及其应负职责制度执行人及其应负职责相关部门领导的主要职责员工的主要职责包括 |
| | 执行程序及管理要求 | 规定了该制度的执行程序与管理要求两个簇哪个面的制度条款 |
| | 检查、评价与反馈 | 规定本制度的检查评价以及执行情况反馈的方式方法 |
| | 附则 | 解释权所有定义以及相关制度的废止、附件。 |

第二节　制度表单化作业

第三节　表单信息化作业的实施

 神华国华沧电

第三章　安全风险预控管理实践

第一节　基于安全风险预控管理体系的管理制度化建设

二、各管理子系统及包含的制度内容介绍
以子系统为单位，说明所有制度的建设目的和试用范围

从制度文件的"总则"和"执行程序管理要求"部分进行摘录。

1. 安健环文化管理子系统
安健环文化管理子系统规定了企业的安全健康环境方面文化建设和管理的标准，包括：

| 子系统名称 | 制度名称 |
|---|---|
| 安健环文化管理子系统 | 企业安健环文化建设管理制度实施细则 |
| | 安健环文化宣示系统管理制度实施细则 |
| | 星级班组建设管理制度实施细则 |

[1]　企业安健环文化建设管理制度实施细则
制度建设的目的：为实现"每一个员工平平安安"的安健环使命，使公司全体员工共享统一的安健环价值观、表现、期望和行为规范，形成"以人为本、全员参与"的安健环文化理念，创造良好的人文氛围，逐步形成完善的企业安健环文化系统，实现企业科学发展、安全发展。
企业安健环文化建设管理制度实施细则明确了开展安健环文化建设所必需的基本要素、工作流程、监督检查和行为激励等工作内容，用于指导和规范公司安健环文化建设工作。
[2]　安健环文化宣示系统管理制度实施细则

第二节　制度表单化作业

第三节　表单信息化作业的实施

神华国华沧电

**第三章 安全风险预控管理实践**

第一节 基于安全风险预控管理体系的管理制度化建设

第二节 制度表单化作业　　　　　　　　　　　附件方式全文展示表单。

一、国华沧电为安全风险预控管理体系制度表单构成

以子系统为单位，说明所有制度的建设目的和试用范围。
展示997个执行流程及配套表单。

| 子系统名称 | 制度名称 | 表单名称 |
|---|---|---|
| 安健环文化管理子系统 | 企业安健环文化建设管理制度实施细则 | 1.安全管理承诺、安全方针管理流程 |
| | | 2.《企业安健环文化建设管理制度实施细则》执行情况检查/评价表 |
| | 安健环文化宣示系统管理制度实施细则 | 1.安健环文化宣示系统管理流程 |
| | | 2.《神华集团安全生产"五个一"工程》宣传图板 |
| | | 3.安健环文化宣示系统应用说明 |
| | | 4.《安健环文化宣示系统管理制度实施细则》执行情况检查/评价表 |
| | 星级班组建设管理制度实施细则 | 1.职能部门参加班组定期活动表 |
| | | 2.制度执行情况检查/评价表 |
| 发电管理职责与权限管理子系统 | 安健环目标管理办法 | 1.安健环目标管理流程 |
| | | 2.安健环目标管理办法检查评价表 |
| | 安全风险预控管理体系的修订管理制度实施细则 | 1.安全风险预控管理体系制度修订流程 |
| | | 2.子系统执行情况反馈表 |
| | | 3.子系统/制度修订建议书 |

第三节 表单信息化作业的实施

---

 神华国华沧电

**第三章 安全风险预控管理实践**

第一节 基于安全风险预控管理体系的管理制度化建设

第二节 制度表单化作业

二、国华沧电为安全风险预控管理体系制度表单实例

以动火作业的动火工作票管理制度和相关表单进行举例，展示制度源文件图片。

动火工作票管理制度文件全文展示（附件方式）。

需要展示有代表性的制度文件。

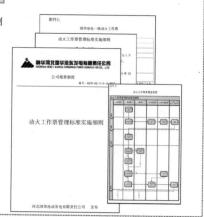

第三节 表单信息化作业的实施

神华国华沧电

**第三章　安全风险预控管理实践**

第一节　基于安全风险预控管理体系的管理制度化建设

第二节　制度表单化作业

第三节　表单信息化作业的实施

一、安全风险预控管理表单信息化作业的推进
　　国华沧电由安健环监查部负责制定的制度和执行情况的监督，安健环监查部信息管理部，制度执行部门（生产经营部，技术管理部）三方协商对制度进行制定和维护，从而保证了跨部门的有效合作。

二、安全风险预控管理系统规划与设计
　　设计方针要考虑子系统划分，关联性耦合性，技术架构等

三、安全风险预控管理系统的分步实施

这里只描述了概要的内容，丰富内容的方法：
1.如国华沧电目前都有安全风险管理预控相关的信息化系统或电子工具，可举例说明到此处。
2.听取国华沧电意见，提出安全风险管理预控需求，做出系统原型设计后在此处展示。

 神华国华沧电

**第四章　以"表单信息化"为核心的安全风险预控管理系统设计**

第一节　安全风险预控管理系统概要

一、基于"三化"的信息化系统特点
1.系统信息化体现过程程序化的特点
方便查阅相关制度文件、工作档案；
工作提示及流程引导；
表单所见即所得；
2.业务处理层面体现责任明确化的特点
就源输入、多次应用、稽核跟催

二、平台化的信息系统特点
1.功能按岗定制
2.过程异地监控
3.信息集成共享
4.业务全面覆盖

第二节　安全风险预控管理系统功能介绍

神华国华沧电

第四章 以"表单信息化"为核心的安全风险预控管理系统

第一节 安全风险预控管理系统概要

信息化覆盖安全风险预控管理制度体系中22个子系统相关的所有安全风险预控管理内容。结合生产现场的实际情况，我们将平台的业务分为生产业务的管理支撑两大板块的九个业务子系统。

右图为系统业务架构图

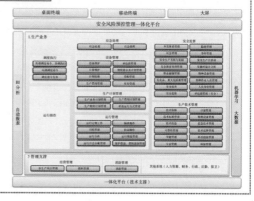

第二节 安全风险预控管理系统功能介绍

 神华国华沧电

第四章 以"表单信息化"为核心的安全风险预控管理系统

第一节 安全风险预控管理系统概要

第二节 安全风险预控管理系统功能介绍

架构设计特点：
1.多元化展示层，方便用户使用
2.核心工作引擎全方位支撑系统功能服务
3.安全风险预控数据全生命周期的统一数据管理
4.全方位服务覆盖全部风险预控管理制度

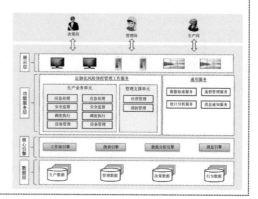

神华国华沧电

第四章 以"表单信息化"为核心的安全风险预控管理系统

第一节 安全风险预控管理系统概要

第二节 安全风险预控管理系统功能介绍

安全风险预控管理系统主要功能：
1.智能工作台
2.工作督办
3.工作流程管理
4.智能工具箱提供多种通用服务工具
5.信息共享平台

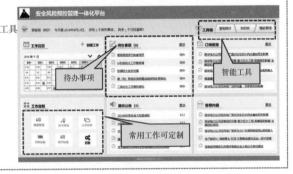

神华国华沧电

第五章 国华沧电安全风险预控管理体系制度表单

附录

附录A 量化风险评估方法

附录B 动火工作票管理制度和相关表单

附录C 思维导图